사랑을 전하는
비즈 액세서리

오연림 저

예신 Books

색다른 디자인, 독특한 나만의 예술
비즈로 엮어낸 작은 갤러리!

비즈 액세서리는 원시시대부터 인간의 신체 장식 욕구에서 기인되어 병마와 잡귀를 쫓거나 부족을 돌보기 위하여 장식했던 것이 점차 발전한 것으로서, 신분이나 종교적인 의례를 다분히 반영하고 있었다.

현대에 와서 비즈의 종류와 컬러, 소재가 다채로워지면서 점점 많은 사람들에게 보편화되고 있다. 비즈 주얼리뿐만 아니라 의류, 가방, 모자, 신발 등 생활용품들과 인테리어 소품에 이르기까지 다방면에서 패션 아이템으로 확고히 자리매김하고 있다. 비즈의 이러한 매력에 이끌려 여가시간을 활용한 취미활동으로 날로 인기가 높아져 가고 있는데 원석이나 자연석을 이용한 고급스럽고 멋스런 작품들은 남의 손을 빌리지 않고 자신이 해냈다는 성취감을 느끼게 해줄 것이다. 그 환상적인 결과물들을 통해서 자신이 지닌 잠재력을 발견하고, 그 과정에서 독특한 나만의 예술품이 탄생되는 행복감을 맛볼 수 있을 것이다.

이 책은 평범한 일상에서 내면의 꽃밭을 가꾸고 싶은 사람에게 물뿌리개 같은 신선함으로 다가갔으면 한다. 액세서리에 관심이 없던 사람도 다양한 비즈의 색깔과 소재로 도안을 따라 엮어나가다 보면 생각지도 못했던 근사한 작품으로 인해 기쁨의 전율을 느낄수 있을 것이라고 믿는다. 이런 작은 행복감에 이끌려 자기 취향에 맞는 색다른 아이디어와 유행에 뒤지지 않는 디자인으로 최고의 핸드메이드 디자이너가 되어 있기를 바란다.

비즈로 엮어낸 작은 갤러리를 완성하면서 맛보았던 감흥을 고스란히 전달하고 싶은 마음이 얼마나 반영되었는지는 모르지만 작품 하나하나 완성되는 그 희열을 직접 경험해 보기를 희망한다. 즐겁게 편지를 쓰는 기분으로 내 손에 올인하여 두 손을 붙들고 일구어낸 현재의 나의 결실은 매일매일 즐기듯이 천천히 쌓아올린 정성의 자양분이 있었기 때문이 아닐까 생각한다.

끝으로 이 책이 나올 때까지 도움을 주신 분들과 도서출판 예신 편집부 여러분께 감사한다는 말씀을 드리고 싶다.

오연림(rainbow258@hanmail.net) 씀

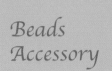

Beads
Accessory

Part 01

비즈 공예의 기초

크리스털의 색상과 명칭 • 10

다양한 비즈의 종류 • 12

비즈 공예에 필요한 공구와 부자재 • 14

다양한 비즈 공예 활용법 • 16

비즈 공예의 유래 • 21

탄생석 이야기 • 22

Part 02

품격을 높여주는 비즈

테레뉴 펜던트 목걸이 • 29

스퀘어장식 목걸이 • 31

산호꽃자개 목걸이 • 33

앤티크 목걸이 • 35

칼세도니아 귀걸이 / 커튼장식 귀걸이 • 37

아방가르드 지르콘장식 목걸이 • 39

럭셔리 목걸이 & 귀걸이 • 41

Y자 클래식 목걸이 • 43

아이올라이트 목걸이 • 45

그라데이션 목걸이 • 47

로맨틱 헤어핀 • 49

수초마노 목걸이 • 51

Beads
Accessory

Part 03

사랑스런 여인의 향기

로맨틱 레이스 목걸이 • 55

볼론델 진주 손목시계 • 57

플라워 목걸이 & 반지 • 59

루비 펜던트 목걸이 • 61

원통장식 목걸이 • 63

마름모장식 목걸이 & 귀걸이 • 65

브론즈 목걸이 & 귀걸이 • 67

로맨틱 체인 목걸이 • 69

토끼인형 핸드폰 고리 • 71

크리스털 꽃장식 목걸이 • 73

트위스트 오닉스 귀걸이 / 샹들리에 귀걸이 • 75

Part 04

아름다움 더하기 센스

플라워 크리스털 넥타이 목걸이 • 79

블랙 와이어장식 목걸이 • 81

두 줄 팔찌 / 플라워 헤어핀 • 83

물방울 크리스털 목걸이 • 85

꽃장식 유리거울 핸드폰 고리 • 87

커넬리언 리본 목걸이 & 귀걸이 • 89

단풍장식 긴줄 목걸이 • 91

앤틱 시계 목걸이 • 93

흰꽃자개 귀걸이 / 지르콘 귀걸이 • 95

Part 05

편안하고 내추럴한 비즈

팔각컷팅 코퍼 목걸이 • 99

피치스톤 목걸이 • 101

핵진주 심플 목걸이 • 103

크리스털장식 진주 목걸이 • 105

세 겹 플라워 반지 • 107

로도나이트 목걸이 • 109

담수진주 긴줄 목걸이 • 111

커넬리언 팔찌 / 점토꽃 헤어핀 • 113

자마노 펜던트 목걸이 • 115

내추럴 그린 & 레드 목걸이 • 117

Part 06

패셔너블한 당신의 선택

버건디 펜던트 목걸이 • 121

눈꽃송이 두 줄 목걸이 & 귀걸이 • 123

비밀의 화원 목걸이 • 125

십자가 펜던트 목걸이 • 127

블랙장미 목걸이 • 129

5각 플라워 헤어핀 • 131

터키석 팔찌 / 로도나이트 헤어핀 • 133

레브라도라이트 목걸이 • 135

나비 귀걸이 / 신주버니시 귀걸이 • 137

Beads
Accessory

PART
one

01

비즈공예의 기초

비즈공예를 시작하기 전에 알아두면 다양한 응용 작품을 만드는데 기초가 되므로
꼼꼼하게 익혀둘 필요가 있다. 비즈공예에 필요한 기본 공구와 부자재, 다양한 비즈
공예 활용법을 충분히 숙지하면 자신만의 독특한 핸드메이드 액세서리를 만들 수
있을 것이다.

크리스털의 색상과 명칭

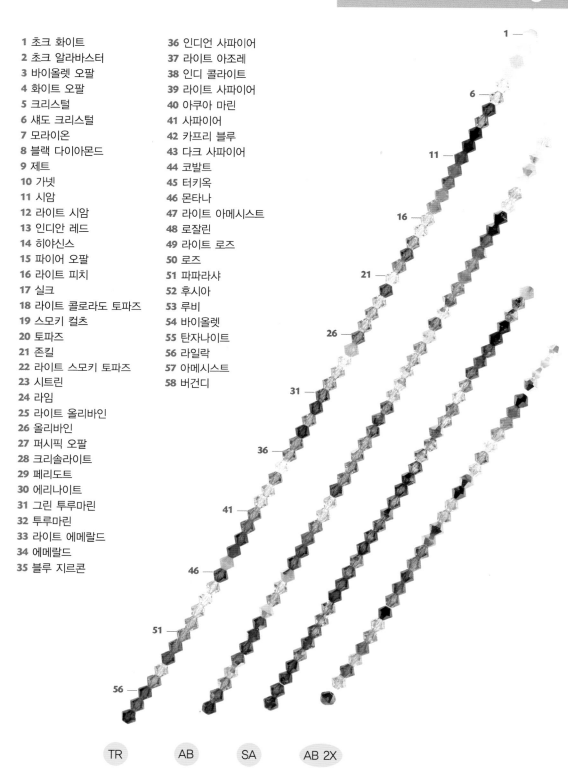

1 초크 화이트
2 초크 알라바스터
3 바이올렛 오팔
4 화이트 오팔
5 크리스털
6 섀도 크리스털
7 모라이온
8 블랙 다이아몬드
9 제트
10 가넷
11 시암
12 라이트 시암
13 인디안 레드
14 히야신스
15 파이어 오팔
16 라이트 피치
17 실크
18 라이트 콜로라도 토파즈
19 스모키 컬츠
20 토파즈
21 존킬
22 라이트 스모키 토파즈
23 시트린
24 라임
25 라이트 올리바인
26 올리바인
27 퍼시픽 오팔
28 크리솔라이트
29 페리도트
30 에리나이트
31 그린 투루마린
32 투루마린
33 라이트 에메랄드
34 에메랄드
35 블루 지르콘

36 인디언 사파이어
37 라이트 아조레
38 인디 콜라이트
39 라이트 사파이어
40 아쿠아 마린
41 사파이어
42 카프리 블루
43 다크 사파이어
44 코발트
45 터키옥
46 몬타나
47 라이트 아메시스트
48 로잘린
49 라이트 로즈
50 로즈
51 파파라샤
52 후시아
53 루비
54 바이올렛
55 탄자나이트
56 라일락
57 아메시스트
58 버건디

TR   AB   SA   AB 2X

비즈공예에 많이 사용되는 크리스털은 오스트리아산과 체코산인데 오스트리아의 크리스털 제조회사인 스왈롭스키는 정교하고 색깔도 선명하여 많이 애용되고 있다. 스왈롭스키 크리스털(SW)에는 다양한 색상이 있으며 재질이나 가공 방법에 따라 명칭이 달라진다. 크게 분류해 보면 다음과 같다.

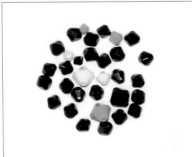

OP (Opaque)

크리스털 중에서 불투명한 것을 말하며, 흔히 볼 수 있는 크리스털이다.

TR (Transparent)

투명한 크리스털을 말하며, 기본적으로 가장 많이 사용하는 크리스털이다.

SA (Satin)

한쪽 면에 공단처럼 매끄러운 광택이 나도록 1/2 정도만 은색 코팅한 크리스털이다. 다른 크리스털보다 더 색상이 짙고 광택이 있다.

2X

불투명한 크리스털 표면 전체를 다른 색상으로 코팅 처리하여 화려하게 보이는 크리스털이다.

AB (Aurora Borealis)

크리스털 표면에 무지갯빛이 감돌도록 1/2 정도만 코팅 처리한 크리스털이며, 오로라빛이 난다해서 붙여진 이름이다.

AB 2X

크리스털 표면 전체를 코팅 처리한 것이며, 기존의 컬러에 반짝임이 가해져서 오묘한 느낌을 주는 크리스털이다.

SW 4439 크리스탈 스퀘어   SW 3700 꽃 크리스털   SW 5810 진주   SW 6202 하트 크리스털

SW 5000 축구볼   SW 504 멀티컷   볼론델   원 컷팅

다양한 비즈의 종류

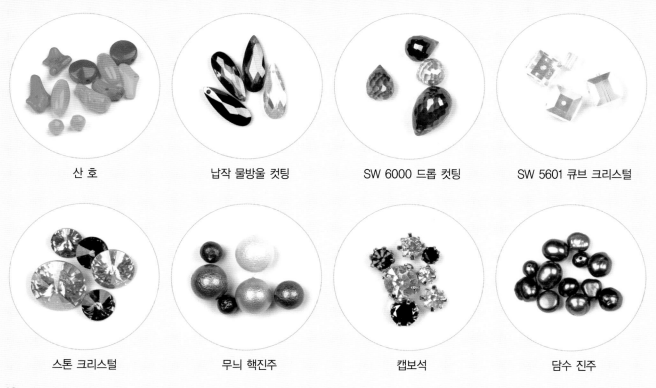

산 호   납작 물방울 컷팅   SW 6000 드롭 컷팅   SW 5601 큐브 크리스털

스톤 크리스털   무늬 핵진주   캡보석   담수 진주

큐빅 장식　　　램프 비즈　　　론 델　　　나뭇잎 비즈

커넬리언　　　터키석　　　막대비즈　　　물방울 비즈

Beads kind

파이어폴리시　　　캐츠 아이　　　델리카 비즈　　　오닉스

시드비즈　　　자개 비즈　　　SW 6090 크리스털 AB　　　꽃 원석

비즈 공예에 필요한 공구와 부자재

니퍼
낚싯줄이나 T핀, 9핀 등을 자를 때 사용한다.

구자말이 집게
T핀, 9핀 등의 고리를 만들 때 사용한다.

평노즈 플라이어
비드팁을 닫을 때나 마감볼을 눌러줄 때 사용한다.

라운드 노즈 플라이어
은선으로 동그랗게 고리를 만들 때 사용한다.

O링 반지
손가락에 끼워 사용하며 O링이나 C링을 열고 닫을 때 사용한다.

낚싯줄
비즈공예의 가장 기본 재료이며 2호, 3호 낚싯줄을 가장 많이 사용한다.

피아노줄
단단하고 고정된 느낌을 주기 때문에 목걸이줄로 많이 쓰인다.

은선
굵기와 도금상태가 다양하며 주로 물방울 모양의 비즈나 원석을 엮을 때 많이 쓰인다.

T핀
귀걸이나 목걸이 펜던트를 만들 때 연결시켜 주는 부속으로 많이 쓰인다.

9핀
연속적으로 연결할 때 사용되는 부속으로 동그란 고리를 만들어 연결한다.

볼핀
T핀과 비슷한 용도로 쓰이며 끝부분이 동그란 모양이라서 더 고급스럽고 멋스럽다.

O링
부속과 부속을 연결하거나 마감 장식 등을 연결하는 용도로 쓰인다.

Beads materials

헤어 핀대
비즈로 헤어핀을 만들 때 기본적으로 쓰이며 수동 핀대, 자동 핀대 등 다양하다.

귀걸이 훅
비즈를 만들어 귀걸이훅에 연결하면 완성품이 되는데 모양과 재질이 다양하다.

비드팁
낚싯줄과 피아노줄 시작과 마무리에 사용되며 O링으로 마감 장식에 연결하면 된다.

토글바
목걸이나 팔찌의 앞장식이나 뒷마감에 사용한다.

벌집판
브로치나 반지를 만들 때 밑판으로 쓰이는 재료이다. 크기가 다양하다.

휴대폰줄
O링으로 비즈 작품에 휴대폰줄을 연결하여 완성한다. 비즈에 따라 모양을 선택한다.

랍스터
목걸이나 팔찌에 가장 많이 사용되는 연결고리로 길이 조절이 자유롭다.

뒷장식
비즈 디자인에 어울리는 연결고리를 골라 뒷장식으로 사용하면 된다.

고정볼
비드팁 안에 끼워 피아노줄을 고정시킬 때 쓰인다.

비즈캡
비즈의 양끝을 좀더 고급스럽거나 색다르게 장식할 때 쓰인다.

접착제
마무리를 튼튼하게 고정하기 위해 사용한다.

체인줄
목걸이나 팔찌, 귀걸이의 다양한 모양을 연출할 때 쓰인다.

다양한 비즈 공예 활용법

비즈공예의 시작과 마무리

01 피아노줄이나 낚싯줄에 비드팁을 끼운 후 고정볼을 넣고 두세 번 통과하며 단단하게 돌려준다.

02 고정볼을 평노즈 플라이어로 힘껏 누른 다음 남은 피아노줄이나 낚싯줄은 니퍼로 잘라낸다.

03 고정볼을 비드팁에 고정시킨 후 평노즈 플라이어로 비드팁을 닫아 완성한다.

04 완성된 모습

통과와 교차

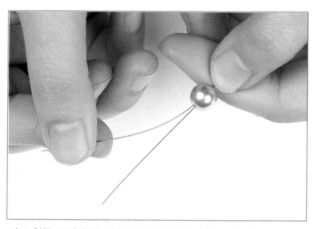

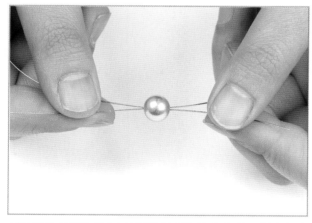

비즈 한쪽 구멍에 두 낚싯줄이 동시에 들어가는 것을 통과라고 한다. 낚싯줄이나 피아노줄에 비즈를 차례대로 끼우거나 한 번 들어갔던 낚싯줄이 다시 그 비즈를 거쳐갈 때도 통과라고 한다.

비즈 양쪽 구멍에 각각 낚싯줄을 넣으면 두 줄이 서로 엇갈려 나오게 되는데 이 방법을 교차라고 한다. 모든 비즈공예의 기본이 되는 기법이다.

T핀이나 볼핀 사용법

01 T핀에 크리스털이나 원하는 재료를 넣고 0.7cm 내외의 길이를 두고 니퍼로 자른다.

02 9자말이 집게로 T핀 끝에 힘주어 누르면서 손목을 바깥쪽으로 돌린다.

03 9자말이 집게를 T핀이 구부러진 반대쪽으로 옮겨 동그란 모양을 예쁘게 잡아준다.

04 T핀 고리가 완성된 모습

9핀 사용법

01 9핀에 비즈를 넣은 다음 0.7cm 내외의 길이를 두고 니퍼로 자른다.

02 9자말이집게로 9핀 끝에 힘주어 누르면서 손목을 바깥쪽으로 돌린다.

03 9자말이 집게로 9핀이 구부러진 반대쪽으로 옮겨 동그란 모양을 예쁘게 잡아준다.

04 9핀 고리가 완성된 모습

은선으로 감아 고리 만드는법

<u>01</u> 은선을 드롭에 끼워 두 선을 모아 한 쪽 줄을 길게 한다.

<u>02</u> 한 바퀴 돌려 꼬아준 후 라운드 노즈 플라이어로 누르고 긴 줄로 동그랗게 말 아 고리 모양을 만든다.

<u>03</u> 고리 모양이 동그랗게 만들어졌으면 밑으로 세 바퀴 정도 촘촘히 돌려준다.

<u>04</u> 긴 줄과 짧은 줄을 깔끔하게 니퍼로 잘라 모양을 잡아준다.

O링 반지 사용법

<u>01</u> O링 반지를 검지 손가락에 끼우고 평노즈로 O링을 반지틀 사 이에 넣어 위로 직각이 되게 돌려주면 된다.

<u>02</u> O링을 닫을 때도 마찬가지로 아래로 직각이 되게 돌려주면 된다.

가죽 스프링 사용법

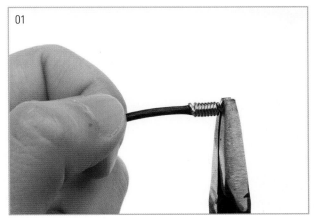

<u>01</u> 가죽줄을 원형 스프링에 끼운다.

<u>02</u> 원형스프링 안쪽을 평노즐플라이어로 눌러 완성된 모습

클래습 사용법

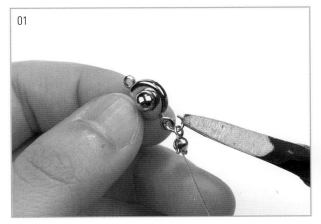

<u>01</u> 마무리한 비드팁에 O링을 걸어 클래습에 연결한다.

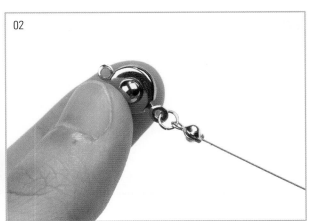

<u>02</u> 클래습에 O링으로 연결하여 완성된 모습

길이조절체인 연결하는 법

01 마무리한 비드팁에 O링을 걸어 길이조절체인에 연결한다.

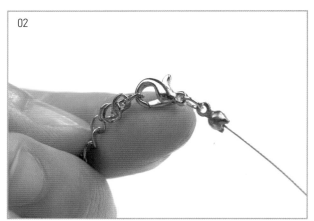

02 길이조절체인에 O링으로 연결하여 완성된 모습

실버베일체인 연결하는 법

01 실버베일체인으로 원석을 한 바퀴 둘러 감싸준 후 잘라낸다.

02 와이어로 원석 구멍에 꿰어 고리를 만들어 완성된 모습

비즈공예의 유래

비즈는 원래 고대영어에서 '기도' 또는 염불에 쓰이는 '염주알'이란 뜻이며 주술적·신앙적 목적에서 사용하였는데 16세기에 이르러 의복의 장식, 목걸이, 팔찌 등에 널리 애용되었다.

인체의 신체 장식 욕구에서 출발한 각종 장신구는 병마와 잡귀를 쫓기 위한 목적도 있었고 부족을 돌보기 위하여 장식했던 것도 있었다. 세계 각국에서 발굴된 유물 중에서 홍옥, 마노, 터키석, 조개껍데기 등으로 만든 비즈목걸이, 비즈반지 등도 일종의 비즈공예 제품이라 할 수 있다.

현대의 비즈공예는 다양한 소재와 화려하고 정교한 기술이 선보이게 되면서 그 활용 폭이 점점 넓어지고 있는데 의복에서부터 인테리어 소품에 이르기까지 새롭고 풍부한 작품들이 무궁무진하게 쏟아지고 있다.

탄생석 이야기

January 1월 가넷(Garnet)

투명하거나 반투명하며 투명한 암적색 돌로만 생각하기 쉬우나 주황색, 노란색, 연두색, 밤색, 짙은초록색, 자주색, 검정색 등 청색을 제외한 여러 가지 아름다운 색을 가진 돌이다. 사랑과 우정, 정조를 상징하며 작고 붉은색 돌이 다닥다닥 붙어있는 것이 마치 잘 여문 석류알 같다고 하여 석류석이라 부르기도 한다.

가넷은 왕관 제작에도 많이 쓰였으며 전쟁이나 여행길에 몸에 지니면 어떠한 위험도 물리쳐 준다고 믿었고 건강을 지켜 주기도 하는 신비한 돌로 알려져 왔다.

February 2월 자수정(Amethyst)

사랑과 성실, 마음의 평화를 상징하는 탄생석으로 청색과 적색이 어우러진 독특하고 매혹적인 색상 때문에 많은 사람들에게 가장 인기 있는 돌이다.

수정은 색상과 내포물에 따라 명칭이 다른데 옅은 보라색부터 짙은 자주색까지 색상의 폭이 넓다. 자수정을 몸에 장식하면 마음이 불안한 사람에게는 편안함을 주고 육체적 · 정신적으로 큰 힘을 불어넣어 주는 대단한 힘을 가진 돌로 인식되었다. 그리고 전쟁에 나간 군인은 총탄으로부터 안전했으며 노병의 승리를 도왔다고 한다. 이렇듯 자수정은 돌이 지닌 아름다움뿐만 아니라 보이지 않는 대단한 힘으로 귀한 이미지를 풍기고 있다.

March 3월 아쿠아마린(Aquamarine)

맑고 푸른 바다를 연상케하는 아쿠아마린은 행복과 영원한 젊음을 상징하며 희망과 건강을 갖게 하는 돌로 여겨져 왔다. 아쿠아마린을 몸에 지니고 있으면 깊은 통찰력과 강한 예지력이 생긴다고 사람들은 믿었다. 요즘 들어 젊은 사람들 중에서는 좋은 친구를 사귈 수 있게 되고 애인을 가질 수 있게 된다고 한다. 성격이 급하고 예민한 사람은 아쿠아마린 반지를 끼게 되면 신경이 안정되고 몸의 피로가 풀린다고 한다. 아쿠아마린은 청록색 바다를 연상케하는 색상을 띠는데 짙은 해수 청색은 아쿠아마린 중에서 최상급에 속한다.

April 4월   다이아몬드(Diamond)

청정무구, 순결과 고귀함을 상징하는 탄생석으로 탄소의 결정물에 지나지 않지만 지구상에 존재하는 천연 광물질들 중 가장 강한 것으로 알려져 있다.

고대 그리스인들은 다이아몬드를 하늘에서 떨어진 신의 눈물방울이라고 생각하고 다이아몬드의 광채는 끊임없이 타오르며 빛나는 사랑의 불꽃이라고 믿었다. 빛에 대한 다이아몬드의 독특한 반응은 다이아몬드가 인정받는 이유 중 하나이기도 하다. 왼손 약지에 약혼반지를 끼게 된 이유는 고대 이집트인들이 사랑의 혈관이 심장에서 바로 왼손 약지로 연결된다고 생각했기 때문이다.

May 5월   에메랄드(Emerald)

에메랄드는 행운, 행복을 상징하며 초여름의 짙은 신록을 연상케하는 아름답고 신비로운 대자연의 초록을 담고 있다. 옅은 녹색, 짙은 녹색, 청색을 띤 녹색까지 색상이 다양하며 그 중에서도 벨벳같은 광택을 지닌 것이 최상급이다.

이집트 여왕 클레오파트라가 가장 즐겨했던 보석 중의 하나였으며 이것을 몸에 지니고 있으면 사람이 변치 않으며 미래를 예측할 수 있는 능력이 생긴다고 믿어왔다. 에메랄드는 내포물을 포함하고 있기 때문에 확대한 모습이 정원에 돋은 풀잎과 같다고 해서 곧잘 정원에 비유되기도 한다.

June 6월   진주(Pearl)

건강과 장수, 부를 상징하는 탄생석으로 은은하고 신비스러운 빛으로 인해 많은 사람들의 사랑을 받아왔다. 진주는 굴과 섭조개 따위에서 생성되는데 모래알이나 어떤 기생물이 조개 속에 들어갔을 때 이것을 감싸기 위해 분비한 체액이 쌓여서 이루어진 덩어리이다. 누구에게나 어울리며 어떤 장소에서든 어떤 옷이든 잘 조화되어 모든 연령층에게 인기가 많은 주얼리이다. 열과 충격에 약하기 때문에 진주의 훼손을 방지하기 위해 부드러운 천으로 잘 싸서 공기가 잘 통하는 곳에 보관해야 한다.

탄생석 이야기

July 7월 루비(Luby)

　루비는 정열과 위엄을 상징하는 돌로 7월의 탄생석이다. 옛날에는 루비가 태양을 상징하는 신비한 돌로 생각했으며 루비를 몸에 지니면 건강과 부와 삶의 지혜까지 모두 얻을 수 있다고 믿었다. 그리고 소유하는 사람마다 용기를 북돋워 주며 몸에 상처를 입지 않도록 보호해 주고 지혈시키는 작용도 한다고 하였다.

　그리고 루비 반지를 왼쪽 손에 끼거나 루비 브로치를 상의 왼쪽에 장식을 하면 적으로부터 해방되어 마음에 평화를 가져다 준다고 믿었다.

August 8월 페리도트(Peridot)

　페리도트는 황록색의 투명하고 아름다운 보석으로 감람석이라고도 부른다. 부부의 행복, 친구와의 화합을 상징하는 탄생석으로 공포심과 재앙을 없애주고 마음을 밝게 한다고 한다.

　페리도트를 자세히 관찰해 보면 황색과 녹색이 잘 혼합되어 있는데 갈색과 황색의 색감이 많이 느껴질수록 가치가 낮아지고 녹색이 많이 느껴져야 최상급으로 평가된다. 페리도트는 태양이 인간에게 준 돌이라 하여 부적처럼 몸에 지니고 다니면 무서운 공포, 근심 걱정에서 벗어날 수 있다고 믿었다.

September 9월 사파이어(Sapphire)

　덕망과 자애 그리고 성실과 진실을 상징하는 탄생석으로 청명한 가을 하늘을 연상케 한다. 몸에 지니고 다니면 마음이 맑아져 사리사욕이 없어지며 행운이 찾아온다고 한다.

　사파이어를 브로치나 목걸이 펜던트로 만들어 가슴에 장식하고 다니면 약혼자나 사랑하는 사람에게 큰 행복을 가져다 준다고 한다. 붉은색 사파이어를 반지로 만들어 몸에 지니면 정신이 편안해지며, 흰색 사파이어는 집중력을 높여주고 마음을 밝게 해준다. 사파이어는 루비와 함께 치료의 힘을 가진 돌로 믿어왔으며 누구나 이 돌을 가지고 있으면 악으로부터 자유로울 수 있다고 알려지고 있다.

October 10월 오팔(Opal)

환희와 행복, 순결을 상징하는 탄생석으로 그리스어의 오팔리오스(Opallios)에서 비롯된 말로 '귀한 돌'이란 뜻을 가지고 있다. 보는 각도에 따라 색상이 다채롭고 돌 속에서 분수처럼 솟아오르는 찬란한 빛깔은 독특한 아름다움을 선사한다. 화이트오팔, 블랙오팔, 파이어오팔, 크리스탈오팔 등 빛의 회절과 굴절에 따라 아름다운 색을 나타내는데 색의 변화를 가장 많이 볼 수 있는 돌이다.

로마인들은 오팔을 희망과 청순의 상징으로 숭배했으며 신과 사람을 상징하여 몸에 지니고 다니면 모든 병마로부터 보호받을 수 있다고 믿어왔다.

November 11월 토파즈(Topaz)

맑고 아름다운 광석의 일종인 토파즈는 11월의 탄생석이다. 희망, 결백, 우정, 부활을 상징하며 어두워지면 더욱 빛을 발한다. 신진대사를 활발하게 하는 토파즈는 갈색, 분홍색, 초록색, 푸른색이 있는데 담황색이 가장 대표적인 토파즈의 색깔이다. 토파즈는 고대로부터 아름다움과 건강을 지켜주는 돌이라하여 숭상하였고, 금으로 세공해서 몸에 지니고 다니면 밤을 두려워하지 않게 된다고 믿어왔다. 독성을 없애주고 끓인 물도 식혀주며 위나 장을 튼튼하게 하고 식욕을 증진시키는데 효과가 있는 건강의 돌이라 여겨져 왔다.

December 12월 터키석(Lapislazuli)

무한한 성공과 끝없는 번영을 상징하는 터키석을 몸에 지니고 다니면 육체와 정신, 감정적인 면까지 발전시킬 수 있다고 믿었으며 기쁨과 깊은 신뢰, 삶의 용기를 가져다 준다고 믿었다. 돌기운에 의해 아들도 잉태되고 화해도 시켜주며 건강 상태까지 알려줄 뿐만 아니라 질병 치료까지 했다는 마력을 갖고 있는 돌이기도 하다. 모든 사람들에게 행복을 가져다주고 몸을 다치거나 출혈이 있을 때 상처 부위를 이 돌가루로 치료하면 흉터가 덜 생긴다고 하여 비상시에 약재로 쓰이기도 했다.

PART

two

02

품격을 높여주는 비즈

비즈공예의 기법과 규칙을 알면 다양한 응용이 가능하다. 이제부터는 누구나가 다 만들 수 있는 일반화된 디자인에서 탈피하여 나만의 독특한 비즈 주얼리로 자신의 품격을 한 단계 업그레이드 시켜보자. 고급스런 부속 사용과 색깔 배색을 잘 이끌어 내어 탄생된 비즈 작품 앞에서 행복감을 느끼고 있는 자신을 발견할 것이다. 우아하면서도 현대적인 여성미의 절정이 더욱 돋보이는 디자인이다.

테레늄 펜던트 목걸이

난이도 ★★

재료 SW6100 티어드롭 테레늄 12mm 1개 / SW5301 Lt 콜로라도 토파즈 AB 2X 38개 / SW5301 제트 AB 3mm 18개 / SW5301 도라도 2X 3mm 20개 / 마름모 큐빅장식 3개 / 은선 0.3mm 5cm / O링 2개 / 길이조절체인 1개 / 낚싯줄 120cm

How to make

① 마름모 큐빅장식의 A부분에 각각 낚싯줄을 걸어 양쪽에 시드비즈 3개와 Lt 콜로라도 토파즈 AB 2X를 넣고 도라도 2X에서 교차시킨다.

② 다시 Lt 콜로라도 토파즈 AB 2X를 넣고 시드비즈 3개를 넣은 다음 Lt 콜로라도 토파즈 AB 2X를 넣고 제트 AB에서 교차시킨다.

③ 그림과 같이 마름모 큐빅장식 아래에 낚싯줄을 걸어 매듭지어 마무리한다.

④ 낚싯줄을 마름모 큐빅장식 위쪽에 걸어 양쪽 길이를 똑같이 한 다음 그림과 같은 순서대로 반복한다.

⑤ 양쪽을 똑같이 목의 길이에 적당히 맞춘 다음 마지막에 시드비즈 12개를 넣어 두 번 돌린 후 매듭지어 마무리한다.

⑥ 길이조절체인을 오링으로 연결하고, 중심에 있는 마름모 큐빅장식 아래부분에 티어드롭 테레늄을 은선으로 고리를 만들어 연결하여 완성한다.

길이조절체인
12개
젯 AB 3mm
1
2
3
4
5
6
7
8
9
10
11
12
13
14
15
16
매듭 — 마름모 큐빅장식
매듭
제트 AB 3mm
도라도 2X 3mm — Lt 콜로라도 토파즈 AB 2X
매듭
A   A
티어드롭 테레늄 12mm

코디제안
브라운과 골드 컬러가 자연스럽게 믹스된 스타일로 은은함과 고급스러움을 줄 수 있는 아이템이다.
심플한 디자인의 남방 또는 블라우스의 단추를 자연스럽게 풀고 이 목걸이를 매치하면 은은한 화려함이 더해져 스타일을 더욱 돋보이게 할 것이다.
가끔은 이러한 주얼리 포인트로 멋스러운 당신이 되어 보자.

코디제안

목선에 자연스럽게 달라붙는 스타일로 은은한 광택과 빛에 따라
다채로운 색깔을 띠는 스퀘어 장식이 포인트인 작품이다.
디자인이 현대적이면서 절제되어 있어 세련되고 고급스러운 스타일 연출에
안성마춤이다. 전체적으로 단아하고 정갈한 의상과 매치하여
연출할 것을 제안한다.

스퀘어장식 목걸이

재 료 SW4439 크리스털 스퀘어 볼케이노 20mm 1개 / SW4439 크리스털 스퀘어 볼케이노 14mm 2개 / SW5301 올리바인 3mm 80개 / SW5301 파파라샤 3mm 14개 / O링 2개 / 길이조절체인 1개 / 낚싯줄 130cm

How to make

① 낚싯줄에 시드비즈 8개를 넣고 크리스털 파파라샤에서 교차한 후 양쪽에 시드비즈 하나씩 넣고 올리바인에서 교차한다.

② 올리바인을 5개 교차시키고 다시 파파라샤를 넣으며 교차한다.

③ 교차한 파파라샤가 7개가 되었으면 올리바인 5개째 교차한 후 A를 만들어 크리스털 스퀘어 볼케이노 한쪽에 걸어 매듭을 짓는다.

④ 시드비즈로 A-1을 만들어 맞은편 크리스털 스퀘어 볼케이노에 걸어 매듭짓고 올리바인 5개가 교차될 때까지 진행한다.

⑤ 시드비즈로 B를 만든 다음 크리스털 스퀘어 볼케이노에 걸어 매듭을 짓는다.

⑥ 똑같은 방법으로 맞은편에 B-1을 만든 후 양쪽을 똑같이 하여 마무리한다.

⑦ O링으로 길이조절체인에 연결하여 완성한다.

A

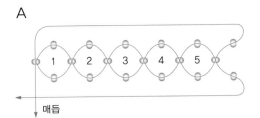

↓ 매듭

B

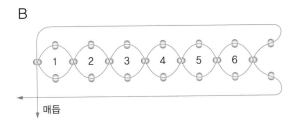

↓ 매듭

파파라샤 1
파파라샤 2
파파라샤 3
파파라샤 4
파파라샤 5
파파라샤 6
파파라샤 7
올리바인 3mm
A
A-1
크리스털 스퀘어 볼케이노 14mm
크리스털 스퀘어 볼케이노 20mm
B   B-1

산호꽃자개 목걸이

난이도 ★★★

 캣츠아이(흰색) 2mm 9개 / 아라고나이트 2mm 6개 / 수초석 2mm 6개 / 산호라운드컷 3mm 115개 / 산호꽃자개(다섯꽃잎) 16mm 1개 / 비드팁 2개 / 은선 0.3mm 골드 20cm / 골드체인 20cm / 길이조절체인 1개 / 낚싯줄 60cm

H o w t o m a k e

① 은선 3cm를 잘라 가운데에 캣츠아이를 밀어넣고 두 선을 모아 산호꽃자개 앞에서 뒤쪽으로 꽂는다.

② 한쪽 선은 위로 가게하여 고리를 만들어 말아주고 다른 한쪽 선에는 체인 자른 것 5개를 끼워 고리를 만들어 말아준다.

③ 체인 끝을 동그랗게 말아 산호라운드컷을 넣고 아래쪽 체인과 함께 말아준 구멍에 걸어 고리를 만들어 말아준다. (5개)

④ 위쪽 고리에 낚싯줄을 걸어 양쪽 똑같이 산호라운드컷 3mm 5개씩 넣고, 캣츠아이 2mm, 다시 산호라운드컷 3mm 5개씩 넣고, 수초석 2mm를 넣는다.

⑤ 산호라운드컷을 5개씩 넣어주고, 아라고나이트 1개를 넣으며 반복적으로 그림과 같이 진행한 후 비드팁을 넣어 마무리한다.

⑥ O링으로 길이조절체인에 연결하여 마무리한다.

코|디|제|안

산호빛이 감도는 여성스럽고 사랑스런 목걸이이다.
로맨틱한 블라우스나 가디건에 매치하면 더욱 귀엽고 발랄한 느낌을 연출할 수 있다.
또한 하늘거리는 쉬폰 소재나 여성스런 라인의 원피스와 코디하면,
한층 여성스러움을 살리고 소녀같은 청순함을 느끼게 해준다.

비드팁

캣츠아이 2mm

수초석 2mm

산호라운드컷 3mm

아라고나이트 2mm

산호꽃자개 — 캣츠아이 2mm

산호라운드컷 3mm

골드체인

코디제안

세련되면서 풍성한 느낌을 주는 긴 줄 목걸이.
옅은 보라나 블루톤의 단색 의상에 멋스럽게 연출해 보자.
발랄하고 경쾌한 분위기를 낼 수 있다.

앤티크 목걸이

난이도 ★★★★

 SW 5300 버건디 6mm 6개 / SW1122 스톤 크리스털 AB 12mm 1개 / SW1122 크리스털 AB 10mm 1개 / SW5301 Lt 로즈 3mm 22개 / SW5301 파파라샤 3mm 26개 / SW5301 도라도 2X 3mm 98 개 / 브론즈 시드비즈 90개 / 비드팁 2개 / O링 2개 / 길이조절체인 1개 / 낚싯줄 180cm

How to make

① A 모티브를 그림과 같이 만든 다음 스톤 크리스털 AB 12mm를 넣고 매듭지어 마무리한다.

② B 모티브를 만든 다음 스톤 크리스털 AB 10mm를 넣고 매듭지어 A 모티브와 그림과 같이 양쪽에 시드비즈 2개씩 넣어 연결한다.

③ 연결된 위쪽에 고리를 만들어 주는데 시드비즈 4개씩 넣고 도라 도 2X 3mm에서 교차한 후 다시 시드비즈 4개씩 넣고 아래로 내 려와 교차하여 마무리한다.

④ 고리에 낚싯줄 70cm를 끼우고 그림과 같이 순서대로 양쪽 똑같 이 만들어 나간다.

⑤ 비드팁으로 마무리한 후 길이조절체인을 연결한다.

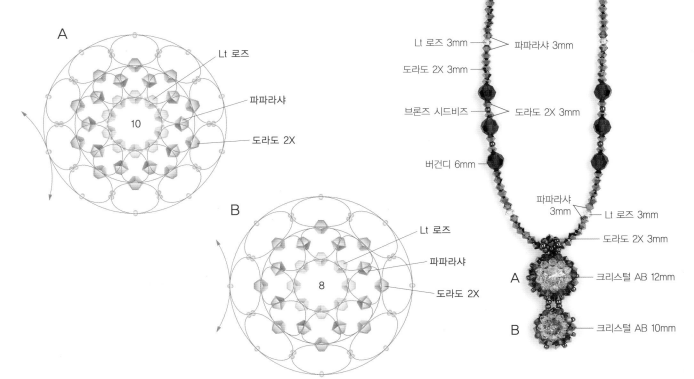

A

Lt 로즈
파파라샤
도라도 2X

10

B

Lt 로즈
파파라샤
도라도 2X

8

Lt 로즈 3mm — 파파라샤 3mm
도라도 2X 3mm
브론즈 시드비즈 — 도라도 2X 3mm
버건디 6mm
파파라샤 3mm — Lt 로즈 3mm
도라도 2X 3mm
A — 크리스털 AB 12mm
B — 크리스털 AB 10mm

코디제안

은은한 오렌지 빛과 골드가 어우러진 화려하면서도
세련된 스타일의 귀걸이이다.
거기에 자연스럽게 늘어진 골드체인이 우아함을 더해 준다.
여성스러운 원피스나 전체적으로 고급스러운 정장룩에
힘을 실어주는 고급 스타일링 아이템이다.

코디제안

링에 핑크빛 진주와 크리스털로 발랄함과 경쾌함을
표현한 귀걸이이다.
밋밋한 세미 정장이나 심플하면서도 페미닌한 스타일의
의상에 화려한 포인트가 될 수 있다.
뿐만 아니라 다양한 스타일의 옷에 두루두루
잘 어울리는 Must Have 아이템이다.

칼세도니아 귀걸이 / 커튼장식 귀걸이 난이도 ★★

재료

칼세도니아 귀걸이 : 칼세도니아 부채꼴모양 오렌지 20mm 2개 / 꽃잎캡 골드 4개 / 나뭇잎 골드 4개 / 골드체인 50cm / 동선 0.3mm 골드 17cm / 귀걸이훅 1쌍

커튼장식 귀걸이 : SW5301 토파즈 AB 2X 4mm 4개 / SW5301 시암 AB 2X 3mm 4개 / 무늬핵진주 로즈 6mm 6개 / 작두형 이어링 1쌍 / 실버체인 18cm / 볼핀 4개 / 9핀 10개

H o w   t o   m a k e

♥♥ 칼세도니아 귀걸이

① 체인을 7.5cm, 6cm로 잘라 준비하고 3.5cm, 3.2cm 두 개를 잘라 나뭇잎 골드에 은선으로 연결한다.

② 칼세도니아 구멍에 은선을 꽂은 다음 양쪽에 체인을 차례로 걸어 그림과 같은 모양을 만든다.

③ 꽃잎캡을 씌워 은선으로 고리를 만들어 말아준다.

④ 귀걸이훅에 연결하여 완성한다.

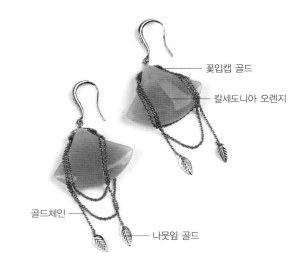

꽃입캡 골드

칼세도니아 오렌지

골드체인

나뭇잎 골드

♥♥ 커튼장식 귀걸이

① 볼핀에 토파즈 AB 2X 4mm를 넣어 9자말이 집게로 말아둔다.(4개)

② 9핀에 시암 AB 2X 3mm를 말아 체인 1.3cm를 연결한다.(4개)

③ 9핀에 무늬핵진주 로즈 6mm를 말아 1.3cm 정도의 체인에 연결한다.(6개)

④ 작두형 이어링 일곱 구멍에 9핀고리 만든 것들을 그림처럼 차례로 연결하여 마무리한다.

토파즈 AB 2X 4mm

시암 AB 2X 3mm

무늬핵진주 로즈 6mm

아방가르드 지르콘장식 목걸이

난이도 ★★★

 SW6620 아방가르드 골드쉐도우 30mm 1개 / 컷팅지르콘 토파즈 6mm 1개 / 컷팅지르콘 시암 6mm 1개 / 컷팅지르콘 올리바인 6mm 1개 / 컷팅지르콘 블랙가넷 6mm 1개 / 컷팅지르콘 로즈 7mm 1개 / 컷팅지르콘 시암 7mm 2개 / 컷팅지르콘 올리바인 7mm 1개 / 컷팅지르콘 토파즈 7mm 1개 / 컷팅지르콘 블랙가넷 7mm 1개 / 컷팅지르콘 바이올렛 7mm 1개 / 컷팅지르콘 블랙가넷 8mm 1개 / 컷팅지르콘 탄자나이트 8mm 1개 / 컷팅지르콘 올리바인 8mm 1개 / 매화석 87개 / 오닉스 2mm 89개 / 큐빅펜던트 고리 1개 / O링 2개 / 길이조절체인 1개 / 은선 0.3mm 골드 40cm / 골드체인 4cm / 낚싯줄 80cm

How to make

① 아방가르드 골드쉐도우 펜던트에 은선을 걸어 고리를 만들어 체인에 연결한다.

② 체인에 적당한 간격을 두고 크고 작은 컷팅지르콘을 색깔별로 은선으로 말아 체인에 연결한다.

③ 큐빅펜던트 고리에 연결하고 맨위 고리에도 컷팅지르콘 작은 것을 은선으로 말아 걸어주어 공백이 생기지 않도록 한다.

④ 낚싯줄에 오닉스 2mm 2개를 가운데에 넣고 매화석 1개, 오닉스 1개를 번갈아 넣어가며 양쪽 똑같이 만들어준다.

⑤ 비드팁을 넣어 마무리하고 O링으로 길이조절체인에 연결한다.

⑥ 큐빅펜던트고리를 걸어 완성한다.

코디제안

매화석의 색감과 블랙 컬러가 믹스된 베이직한 목걸이 줄에
컷팅지르콘이 주렁주렁 달린 펜던트 장식이 돋보이는 목걸이이다.
베이지와 밤색 계열의 의상에 무난하게 잘 어울린다.
심플한 디자인의 목티에 코디하면 멋스러운 스타일을 연출할 수 있다.

매화석
오닉스

토파즈 ——————— 큐빅펜던트 고리

바이올렛 ——————— 올리바인

——————— 블랙가넷

시암
로즈 ——————— 탄자나이트

——————— 아방가르드 골드쉐도우

코디제안

시원한 블루 컬러의 크리스털과 펜던트 장식에 골드 체인이
섬세하게 가미된 럭셔리 아이템이다.
앙증맞은 12구가 경쾌함을 더하고 상큼한 색감이 돋보인다.
깊게 파인 V넥과 화이트 컬러의 모던한 의상에 매치하면 고급스러움과
은은한 화려함을 더해준다.

럭셔리 목걸이 & 귀걸이

 목걸이 : SW5301 카프리블루 AB 2X 4mm 22개 / SW6200 크리스털 AB 6mm 12개 / SW6200 아마조나이트 2mm 196개 / 신백옥 카프리블루컷팅 20mm 1개 / 실버베일체인 골드 5cm / 꽃잎캡 골드 2개 / O링 1개 / 은선 0.3mm 골드 / 길이조절체인 1개
귀걸이 : 신백옥 카프리블루컷팅 20mm 2개 / 꽃잎캡 골드 4개 / 은선 0.3mm 골드 12cm / 실버베일체인 골드 10cm / 귀걸이훅 골드 1쌍

H o w   t o   m a k e

♥♥ 럭셔리 목걸이

1. 아마조나이트 2mm로 12구를 12개를 만들어 준다.

2. 신백옥 카프리블루컷팅 20mm를 실버베일체인으로 촘촘하게 감싼 후 은선으로 감아 고리를 만들어 준다.

3. O링에 꽃잎캡, 펜던트고리, 꽃잎캡을 넣는다.

4. 다시 O링에 연결한 후 양쪽에 은선으로 고리를 만들어 아마조나이트 1개, 12구, 아마조나이트 1개를 넣어 고리를 만들어 준다.

5. 은선으로 연결하여 고리를 만든 후 카프리블루 AB 2X 4mm, 원 크리스털 AB 6mm, 카프리블루 AB 2X 4mm를 넣어 고리를 만들어 준다.

6. 그림과 같이 양쪽을 똑같이 맞춘 다음 O링으로 길이조절체인을 연결하여 완성한다.

♥♥ 럭셔리 귀걸이

1. 신백옥 카프리블루 20mm를 실버베일체인으로 촘촘하게 감싼 다음 은선으로 감아 고리를 만들어 준다.

2. 귀걸이훅에 연결할 때 꽃잎캡, 신백옥, 꽃잎캡을 차례로 넣어 평플라이어로 닫아 완성한다.

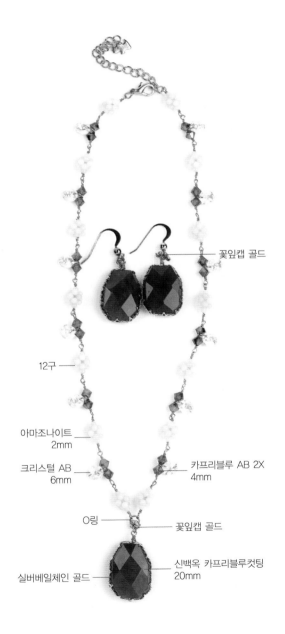

꽃잎캡 골드

12구

아마조나이트 2mm

크리스털 AB 6mm

카프리블루 AB 2X 4mm

O링

꽃잎캡 골드

실버베일체인 골드

신백옥 카프리블루컷팅 20mm

Y자 클래식 목걸이

 재료 SW5040 멀티컷(쿠퍼) 2개 / SW5040 멀티컷(골든쉐도우) 1개 / SW5203 불규칙컷팅 오벌 골든쉐도우 12mm 10개 / SW5301 Lt 콜로라도 토파즈 4mm 24개 / SW5301 스모키토파즈 4mm 12개 / 볼론델 4mm(금도금) 4개 / O링 3개 / 9핀 29개 / 길이조절체인 1개 / 체인 20cm

How to make

① O링에 길이를 달리하여 체인 6개를 걸어준다.

② 9핀에 SW5040 멀티컷(쿠퍼)를 넣어 말아서 ①에 연결하고 9핀에 볼론델 4mm를 넣어 고리를 만들어 연결한다.

③ 다시 멀티컷(골든쉐도우), 볼론델, 멀티컷(쿠퍼)를 각각 1개씩 9자말이하여 연결한 다음 O링을 걸어준다.

④ 9핀에 볼론델 4mm 2개, 불규칙컷팅 오벌 골든쉐도우 12mm 10개를 각각 말아 준비한다.

⑤ Lt 콜로라도토파즈, 스모키토파즈, Lt 콜로라도토파즈 순서로 1개씩 끼운 다음 9자말이하여 둔다.(12개)

⑥ 그림과 같이 차례대로 연결하여 양쪽을 똑같이 완성한다.

⑦ O링으로 길이조절체인을 연결하여 마무리한다.

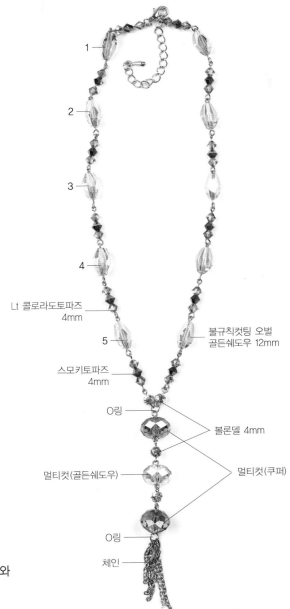

Lt 콜로라도토파즈 4mm

불규칙컷팅 오벌 골든쉐도우 12mm

스모키토파즈 4mm

O링

볼론델 4mm

멀티컷(골든쉐도우)

멀티컷(쿠퍼)

O링

체인

코디제안

Y라인으로 목선을 따라 자연스럽게 떨어지는 스타일로 투명하게 빛나는 비즈가 신비로움을 자아낸다.
얇은 니트 소재의 나시 목티나 하늘거리는 부드러운 느낌의 원피스와 매치하면 여성스러우면서도 세련된 느낌을 줄 수 있다.

43

아이올라이트 목걸이

난이도 ★★★★★

재 료 아이올라이트 컷팅 3mm 158개 / 복주머니 루비 10mm 1개 / 자수정 컷팅 8mm 4개 / 펜던트 고리 1개 / 은선 0.3mm 골드 15cm / 골드체인 15cm / 비드팁 2개 / 길이조절체인 1개 / 낚싯줄 40cm

H o w   t o   m a k e

① 낚싯줄에 아이올라이트 컷팅 3mm를 20개 넣는다.

② 양쪽 똑같이 옅은색을 사이사이 3개씩 넣은 다음 다시 짙은색 10개씩 넣는다.

③ 그림과 같은 순서대로 반복하여 비드팁을 넣어 마무리 한 후 O링으로 길이조절체인에 연결한다.

④ 펜던트고리를 ③에서 완성한 목걸이줄에 걸어준 후 아래쪽 구멍에 자수정컷팅 8mm를 체인에 연결한 것을 4개 걸어준다.

⑤ 아이올라이트 3개를 은선으로 말아 체인에 연결하여 구멍에 걸어준다.

⑥ 복주머니 루비 8mm를 은선으로 감아 걸어준다.

⑦ 아이올라이트 5개를 은선으로 감아 구멍에 연결하여 완성한다.

10개

펜던트 고리

O링

복주머니 루비

아이올라이트컷팅

자수정컷팅 2mm

코디제안

디테일 하나하나가 고급스러움을 자아내는 목걸이로 언밸런스하게 늘어져 있는 펜던트 장식이 작품의 포인트이다. 디테일이 복잡하지 않은 스타일의 단아하고 정갈한 정장에 매치하면 당신의 품격을 한층 더 높여줄 수 있을 것이다. 모임이나 중요한 약속이 있는 날, 이 목걸이로 특별한 당신이 되어보자.

코디제안

블랙, 그레이, 옐로우 계열로 믹스해
고급스러움을 더한 그라데이션 목걸이이다.
은은하게 연결되는 색상과 다양한 색감을 연출하는 줄과
펜던트 장식이 심플함에 화려함을 더한다.
봄빛 컬러 의상과 매치하면 스타일이 돋보인다.

그라데이션 목걸이

난이도 ★★★

재료 SW5301 젯넛 2X 4mm 25개 / SW5301 블랙다이아몬드 AB 4mm 28개 / SW5301 화이트오팔스카이블루 4mm 28개 / SW5301 버뮤다블루 4mm 28개 / SW5301 스모키컬츠 4mm 28개 / SW5301 존킬 AB 4mm 25개 / 연두 시드비즈 85개 / 비드팁 2개 / 토글바 1개 / 낚싯줄 80cm

How to make

① 아래 그림과 같이 22번까지 하면 앞면이 완성되는데 뒷면을 진행할 때는 겉에 짙은색 크리스털을 앞에서 넣었던 크리스털이므로 넣지 않아도 된다.

② 색깔에 유의하며 48번까지 진행하면 앞뒤가 입체감있게 만들어지는데 매듭을 지어 여러 번 돌려준다.

③ 목걸이 줄은 ❷의 맨 위 젯넛 2X 3개에 피아노줄을 걸어 그림과 같이 젯넛 2X 5개, 블랙다이아몬드 AB 5개, 화이트오팔스카이블루, 버뮤다블루, 스모키컬츠 존킬 AB의 순서대로 중간에 시드비즈 1개씩 넣어가며 양쪽을 똑같은 길이로 만든다.

④ 비드팁을 넣어 마무리하고 O링으로 길이조절체인을 연결하여 완성한다.

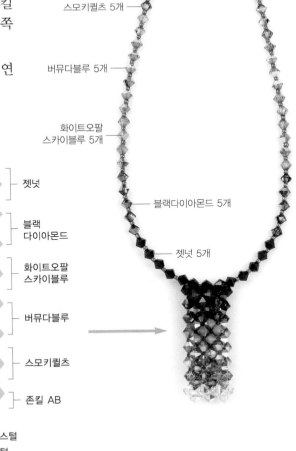

존킬 AB 8개

스모키컬츠 5개

버뮤다블루 5개

화이트오팔
스카이블루 5개

블랙다이아몬드 5개

젯넛 5개

[펜던트]

앞

1	2	3	젯넛
6	5	4	블랙다이아몬드
7	8	9	
12	11	10	화이트오팔스카이블루
13	14	15	버뮤다블루
18	17	16	
19	20	21	스모키컬츠
24	23	22	존킬 AB

뒤

매듭

48	47	46	젯넛
43	44	45	블랙다이아몬드
42	41	40	
37	38	39	화이트오팔스카이블루
36	35	34	버뮤다블루
31	32	33	
30	29	28	스모키컬츠
25	26	27	존킬 AB

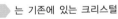
◆ 는 기존에 있는 크리스털
◇ 는 새로 넣을 크리스털

여러 비즈 장식이 풍성하게 조화를 이룬 헤어핀으로
사랑스런 느낌의 로맨틱함을 연출하게 하는 아이템이다.
화려한 디테일의 블라우스나 파스텔 컬러의
플라워프린트 원피스에 코디하면 여성스러움을 더할 수 있다.

로맨틱 헤어핀

난이도 ★★★

재료 SW5810 브론즈 12mm 1개 / SW5810 브라운 펄 5mm 6개 / SW5810 크림로즈 3mm 6개 / SW5801 통통물방울지르콘 토파즈 10mm 3개 / SW5301 후시아 4mm 12개 / SW5301 후시아 3mm 6개 / SW5301 도라도 2X 4mm 12개 / SW5301 도라도 2X 3mm 24개 / SW5301 페리도트 도라도 4mm 6개 / SW5301 페리도트 도라도 3mm 6개 / 캡보석 AB 4mm 3개 / 브론즈 시드비즈 55개 / 붉은색 시드비즈 40개 / 장식판 1개 / 자동핀대 1개 / 낚싯줄 120cm

H o w   t o   m a k e

[핀대]

① 낚싯줄 120cm를 준비하여 장식판에 매듭을 지어 가운데 구멍을 통해 장식판 위로 낚싯줄을 뺀다. 브론즈 12mm와 시드비즈 1개를 넣은 후 다시 브론즈를 통과하여 장식판 밑으로 낚싯줄을 보낸다.

② 다시 위로 보낸 낚싯줄에 페리도트 도라도, 시드비즈, 페리도트 도라도, 시드비즈, 페리도트 도라도를 넣고 장식판 밑으로 보내고, 그림과 같이 시드비즈 2개, 캡보석, 시드비즈 2개를 넣고 낚싯줄을 밑으로 뺀다. (이것을 번갈아 각각 3번씩한다.)

③ 도라도 2X 4mm, 3mm, 후시아 3mm, 도라도 2X 3mm, 4mm를 차례대로 넣은 모양을 6번 진행한다.

④ 브라운펄 5mm, 크림로즈 3mm, 시드비즈를 차례로 넣고 크림로즈 3mm, 브라운펄 5mm를 통과하여 밑으로 내려온다. (6번 반복)

⑤ 핀대 위쪽 부분 세 곳에 후시아 4mm, 도라도 2X 3mm, 페리도트 도라도 3mm, 도라도 2X 3mm, 후시아 4mm를 넣는다.

⑥ 핀대 아래쪽에 위치할 세 곳에 후시아 4mm, 도라도 2X 3mm, 통통물방울 지르콘 토파즈 10mm, 도라도 2X 3mm, 후시아 4mm를 넣는다.

⑦ 장식판 밑에 매듭을 두 번 지어 마무리한 후 액체 접착제를 칠한 후 잘라낸다.

⑧ 자동핀대에 장식판을 놓고 고정시킨 후 핀대 빈 부분에 시드비즈 4개씩 5번 반복한다.

⑨ 낚싯줄에 시드비즈 1개, 도라도 2X 3mm, 시드비즈 1개를 넣고 한 바퀴 돌려주고 그냥 한 번 돌려준다.

⑩ 페리도트도라도 3mm, 시드비즈 1개, 페리도트도라도 3mm를 넣고 한 바퀴 돌려주고 그냥 한 번 돌려준다.

⑪ 자동핀대 빈 부분이 다 채워졌으면 핀 아래쪽에서 매듭지어 액체 접착제를 바른 후 잘라내면 완성이다.

⑤
②
캡보석
브론즈 12mm ①
③
④
통통물방울지르콘 토파즈 ⑥

49

코디제안

봄날의 따스한 햇살을 머금은 듯 상큼한 기분 전환에
안성마춤인 연두빛 목걸이이다.
꽃무늬나 화려한 큰무늬의 스커트 또는 하늘거리는 쉬폰 소재의
플레어스커트에 심플한 단색 상의를 코디하고
이 목걸이로 포인트를 줘 보자.
화사하고 생기있는 분위기를 연출할 수 있을 것이다.

수초마노 목걸이

난이도 ★★

재료 SW5301 존킬 AB 4mm 142개 / SW5301 페리도트 도라도 4mm 58개 / 수초마노 18mm 1개 / 수초마노 15mm 2개 / 메탈 캡 1개 / 꽃모양 토글바 1개 / O링 2개 / 길이조절체인 1개 / 낚싯줄 130cm

How to make

① 낚싯줄 70cm에 존킬 AB 4mm 4개를 넣고 페리도트 도라도에서 교차한다.

② 양쪽 낚싯줄에 존킬 AB 4mm 한 개씩 넣고 페리도트 도라도에서 교차한다.

③ 18번까지 계속 같은 방법으로 진행하다가 19번째 한쪽 낚싯줄에 존킬 AB 4mm 4개를 넣고 매듭지어 마무리한다.

④ 낚싯줄 80cm에 존킬 AB 4mm 4개를 가운데에 넣고 페리도트 도라도 4mm에서 교차한다.

⑤ 수초마노 15mm를 9핀에 말아 19번과 20번을 연결한다.

⑥ 그림을 잘 보면서 부드러운 곡선을 만들려면 24번과 28번 부분에서 바깥쪽에 존킬 AB 4mm를 2개씩 넣는다. (맞은편도 마찬가지)

⑦ 30~33번까지 그림을 보고 잘 숙지한 후 진행하면 훨씬 쉽다.

⑧ T핀에 수초마노 18mm와 메탈 캡을 넣고 말아둔 것을 32번 아래에 걸어준다.

⑨ 양쪽을 똑같이 한 후 꽃모양 토글바를 연결하여 완성한다.

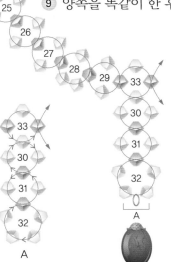

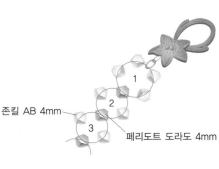

존킬 AB 4mm

페리도트 도라도 4mm

수초마노 15mm

존킬 AB 4mm

페리도트 도라도 4mm

수초마노 18mm

PART

three

03

사랑스런 여인의 향기

맛있는 커피 한 잔에 세상이 즐겁고 아름답게 느껴지듯이 액세서리가 지닌 사랑스 럽고 우아한 매력에 손끝으로 찾아오는 햇살같은 행복감을 맛보게 될 것이다. 한 작 품 한 작품 완성해 보면서 주위분들에게도 넉넉한 손끝의 행복을 전하는 일은 사랑 스런 여인의 향기있는 선물이 아닐까? 로맨틱하고 세련된 분위기를 더해주는 완벽 한 스타일을 제안한다.

코디제안

고급스럽게 은은한 색감을 머금은 로맨틱레이스 목걸이.
심플하면서도 아기자기한 디테일로 착용했을 때 목에 감기면서
여성스러움을 부각시킬 수 있는 아이템이다.
특별한 날 드레시한 옷에 코디하여 사랑스러운 당신이 되어 보자.

로맨틱 레이스 목걸이 & 귀걸이

난이도 ★★★

재료

목걸이 : SW5810 파우더 아몬드펄 3mm 267개 / 마산옥 연핑크 18mm 1개 / 마산옥 연핑크 10mm 10개 / 꽃잎캡 12개 / 클래습 1개 / 볼핀 11개 / O링 13개 / 낚싯줄 130cm

귀걸이 : 피치문스톤 컷팅오벌 12mm 2개 / 나뭇잎 메탈장식 4개 / 귀걸이훅 1쌍 / O링 4개 / 볼핀 2 개 / 꽃잎캡 2개

H o w   t o   m a k e

♥♥ 목걸이

1. 낚싯줄 130cm에 파우더 아몬드펄 3mm를 4개 넣고 다시 하나를 넣으면서 교차한다.

2. 그림과 같이 양쪽에 진주 하나씩 넣고 교차하는 것을 6번까지 하고 바깥쪽 낚싯줄에 진주 5개를 넣고 첫 번째 진주를 통과하여 교차한다.

3. 그림을 보며 규칙에 맞게 41번까지 진행한 후 아래쪽 낚싯줄에 진주 8개를 넣고 5각, 4각 모양을 잡아 통과하면서 낚싯줄을 위로 보내 44번 교차를 하면 된다.

4. 45번부터는 좌우 규칙이 맞아야 하니까 그림과 같이 똑같이 진행하여 매듭을 두 번하고 마무리한다.

5. 볼핀에 꽃잎캡, 마산옥 연핑크 18mm, 꽃잎캡을 넣고 9자말이하여 43번 밑에 걸어준다.

6. 볼핀에 꽃잎캡, 마산옥 연핑크 10mm를 넣고 9자말이하여 7, 14, 21, 28, 35, 51, 56, 63, 70, 77번 밑에 걸어준다.

7. O링으로 목걸이나 클래습을 연결하여 완성한다.

♥♥ 귀걸이

1. 볼핀에 꽃잎캡, 피치문스톤 컷팅오벌 12mm를 넣고 9자말이한다.

2. O링에 나뭇잎 메탈장식을 걸어 1에 연결한다.

3. O링에 나뭇잎 메탈장식을 걸어 2에 연결한다.

4. 귀걸이훅을 연결하여 완성한다.

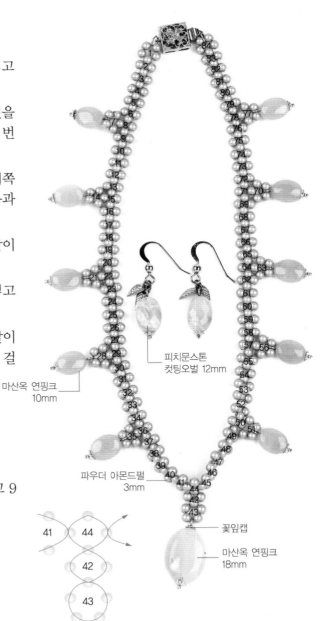

피치문스톤
컷팅오벌 12mm

마산옥 연핑크
10mm

파우더 아몬드펄
3mm

꽃잎캡

마산옥 연핑크
18mm

볼론델 진주 손목시계

난이도 ★★

재료 SW5301 크리스털 칼 2X 3mm 32개 / SW5810 나이트블루펄 4mm 20개 / 무늬핵진주 그레이 6mm 4개 / 볼론델 4개 / 고리시계 1개 / 마감장식 1개 / 낚싯줄 50cm

How to make

① 고리시계에 낚싯줄을 걸어 양쪽에 나이트블루펄 4mm, 크리스털 칼 2X 3mm를 각각 넣고 두 줄 모아 볼론델을 넣는다.

② 다시 양쪽 낚싯줄에 각각 크리스털 칼 2X 3mm, 나이트블루 4mm, 크리스털 칼 2X 3mm를 넣고 두 줄 모아 무늬핵진주 그레이 6mm를 넣는다.

③ 양쪽 낚싯줄에 각각 크리스털 칼 2X 3mm, 나이트블루 4mm, 크리스털 칼 2X 3mm를 넣고 두 줄 모아 볼론델을 넣는다.

④ 다시 양쪽 낚싯줄에 각각 크리스털 칼 2X 3mm, 나이트블루펄 4mm, 크리스털 칼 2X 3mm를 각각 넣고 두 줄 모아 무늬핵진주 그레이 6mm를 넣는다.

⑤ 양쪽 낚싯줄에 크리스털 칼 2X 3mm, 나이트블루펄 4mm를 넣고 마감장식에 연결하여 두 번 매듭 지은 후 액체 접착제를 바르고 몇 번 돌려준 후 잘라준다.

⑥ 맞은편도 똑같은 방법으로 진행한 후 마감 장식에 연결하여 완성한다.

무늬핵진주 그레이 6mm

볼론델

고리시계

나이트블루펄 4mm

크리스털 칼 2X 3mm

마감장식

코디제안

커리어우먼에게 잘 어울리는 고급스러운 그레이와 블루펄이 믹스된 세련된 스타일의 시계이다.
중간중간 메탈릭한 볼론델로 포인트를 주어 고급스러움에 화려함을 더했다.
디테일이 복잡하지 않으면서 고급스러운 느낌의 실버 색상으로 깔끔한
세미 정장이나 심플한 원피스에 코디하면 더욱 돋보인다.

코디제안

산뜻한 화이트와 투명 펄감이 가미된 플라워 목걸이.
여성스러우면서도 경쾌함을 자아내는 아이템으로, 미니 원피스 같은
여성스러운 의상과 함께 코디하면 상큼하고 발랄한 분위기를 연출할 수 있다.
세트로 반지도 함께라면 완벽한 스타일 완성!

플라워 목걸이 & 반지

난이도 ★★★

 목걸이 : SW5301 크리스털 AB 24개 / SW5301 화이트오팔 AB 2X 24개 / SW6000 크리스털 AB 14mm 1개 / SW6010 팬시드롭 크리스털 AB 11mm 12개 / 지르콘 브리올릿컷 제트 10mm 2개 / 3mm 캡큐빅 제트 7개 / 투명 시드비즈 380개 정도 / 비드팁 2개 / 길이조절체인 1개 / 낚싯줄 130cm
반지 : SW6010 팬시드롭 크리스털 AB 11mm 12개 / SW5301 크리스털 AB 8개 / 3mm 캡큐빅 제트 1개 / 파이어폴리시 크리스털 AB 3mm 19개 / 투명 시드비즈 60개 정도 / 낚싯줄 100cm

H o w   t o   m a k e

♥♥ 플라워 목걸이

① 그림과 같이 팬시드롭 크리스털 AB 11mm 12개를 가지고 펜던트를 만든다.

② 드롭 끝부분이 모두 위로 보게하여 모양을 예쁘게 정돈한 다음 캡큐빅 제트 3mm에서 교차하여 맞은 편 드롭에서 교차한 후 매듭지어 마무리한다.

③ 낚싯줄 60cm를 꽃펜던트 아래쪽 드롭 2개를 끼워 양쪽 길이를 맞춘 다음 시드비즈 20개, 크리스털 AB 1개, 화이트오팔 3mm 1개를 각각 넣고 캡큐빅 제트 3mm에서 교차한다.

④ 그림과 같이 규칙적으로 반복하는데 맨 마지막에는 시드비즈 32개를 넣고 비드팁을 넣어 마무리한다.

⑤ 맞은편 목걸이줄도 똑같이 만들어 준 다음 O링으로 길이조절체인에 연결한다.

⑥ 꽃 펜던트 밑에 O링으로 지르콘 브리올릿컷 10mm, 크리스털 AB 14mm, 지르콘 브리올릿컷 10mm를 연결하여 걸어주면 완성이다.

♥♥ 플라워 반지

① 목걸이 펜던트처럼 모티브를 만든 다음 크리스털 AB, 파이어폴리시로 한 바퀴를 더 돌려주어 꽃모양을 만든다.

② 파이어폴리시에서 교차한 후 시드비즈 2개씩 넣고 파이어폴리시에서 교차하면서 길이를 손가락에 맞춘 다음 맞은편 파이어폴리시에서 교차한다.

③ 되돌아올 때는 시드비즈 2개를 통과하고 시드비즈 1개를 넣고 다시 시드비즈 2개를 통과하면서 단단하게 조여준다.

④ 맞은편 파이어폴리시에서 매듭짓고 여러 번 돌려주다가 마무리한다.

[펜던트]

```
    2    1
       5
    3    4
           매듭
```
팬시드롭 크리스탈 AB

[반지]

팬시드롭 크리스털 AB 11mm

```
   8    7
 9   2   1   6
10   3   4   5
   11   12
매듭
```
파이어폴리시 크리스탈 AB 3mm
크리스탈AB 3mm

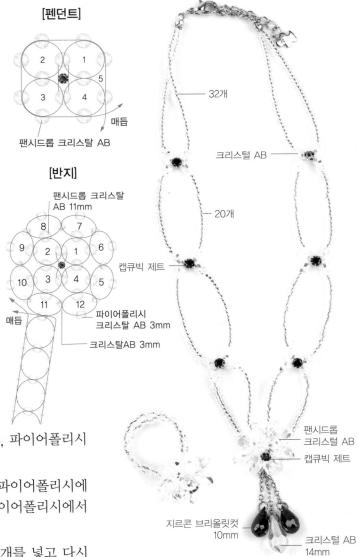

32개

크리스털 AB

20개

캡큐빅 제트

팬시드롭 크리스털 AB

캡큐빅 제트

지르콘 브리올릿컷 10mm

크리스털 AB 14mm

코디 제안

아기자기한 목걸이 줄에 레드컬러의 묵직한 펜던트가 포인트이다.
광택이 도는 비즈가 경쾌함을 부각시키고 통통튀는 컬러감이 강렬함을
더해 시선을 확 잡아끈다.
어떤 의상에도 무난하게 잘 어울리는 기본 아이템이다.

루비 펜던트 목걸이

난이도 ★★

재 료 SW6000 루비 20mm 1개 / SW5301 후시아 AB 3mm 32개 / SW5301 후시아 3mm 20개 / SW5301 후시아 4mm 1개 / 붉은색 투명비즈 60개 / 은선 0.3mm 실버 100cm / 파이어폴리시 골드라인 4mm 16개 / 길이조절체인 1개 / 낚싯줄 25cm

H o w   t o   m a k e

① 낚싯줄 25cm에 후시아 3mm 1개를 밀어넣고 양쪽에 시드비즈 2개, 시드비즈 3개를 각각 넣은 다음, 후시아 에서 교차한다.

② 아래 그림과 같이 같은 방법을 반복하여 마무리한 후 매 듭짓는다.

③ 은선으로 루비 20mm를 걸어주고 두 줄 모아 2를 넣고 후시아 4mm를 넣어 고리를 만들어 준다.

④ 은선으로 고리를 연결하여 시드비즈 1개, 후시아 3mm 1개, 시드비즈 1개를 차례로 끼워 고리를 말아주고, 다 시 후시아 AB 3mm 1개, 파이어폴리시 골드라인 1개, 후시아 AB 3mm를 넣어 고리를 말아준다.

⑤ 그림과 같이 반복적으로 두 가지 방법을 계속 이어나가 원하는 길이로 목걸이 줄을 만들어 준다.

⑥ O링으로 길이조절체인에 연결하여 완성한다.

매듭 / 후시아 3mm

5 / 2 / 1 / 4 / 3

후시아 3mm
후시아 AB 3mm
시드비즈
파이어폴리시 골드라인 4mm
후시아 4mm
루비 20mm

코디제안

깔끔한 기본 U라인 목걸이로 중간중간 원통장식으로 포인트를 주었다. 진주와 크리스털의 러블리한 색감이 따스함을 주고 여성스러움을 더욱 부각시킨다. 심플한 원피스나 블라우스와 매치하면 단아한 이미지를 불러올 수 있다.

원통장식 목걸이

난이도 ★★

재 료 SW5810 피치 4mm 76개 / SW5301 초크 화이트 AB 2X 6mm 12개 / SW5301 Lt 피치 AB 4mm 56개 / SW5301 화이트오팔 AB 2X 3mm 56개 / 아메지스트 레인보우 시드비즈 56개 / 비드팁 2개 / O링 2개 / 진주마감장식 1개 / 낚싯줄 180cm

H o w t o m a k e

① 낚싯줄 20cm에 시드비즈 3개를 넣고 1개를 넣으면서 교차한다.

② 아래 그림과 같이 화이트오팔 AB 2X 3mm, Lt 피치 AB 4mm, SW5810 피치 4mm를 순서에 맞게 넣으면서 13번까지 진행하면 타원형의 원통이 만들어진다. (이것을 7개 만들어준다.)

③ 낚싯줄에 원통장식 하나를 밀어넣고 양쪽 똑같이 SW5810 피치 4mm 2개, 초크화이트 AB 2X 6mm 1개, SW5810 피치 4mm 2개를 넣는다.

④ 그림과 같이 반복적으로 양쪽 똑같이 진행한 후 비드 팁으로 마무리한다.

⑤ O링으로 진주마감장식을 연결하여 완성한다.

[원통장식]

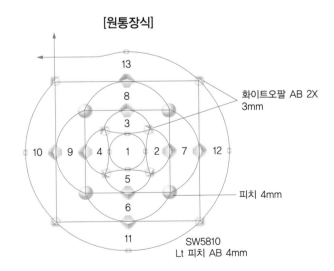

화이트오팔 AB 2X 3mm

피치 4mm

SW5810 Lt 피치 AB 4mm

진주마감 장식 — 비드팁

초크화이트 AB 2X 6mm

피치 4mm

피치 4mm — Lt 피치 AB 4mm

마름모장식 목걸이 & 귀걸이

재료
목걸이 : SW4439 크리스털 스퀘어 VL 14mm 1개 / SW5301 제트 AB 3mm 52개 / 은선 0.3mm 골드 80cm / 골드체인 50cm / O링 3개 / 길이조절체인 1개
귀걸이 : SW4439 크리스털 스퀘어 VL 14mm 2개 / SW5301 제트 AB 3mm 4개 / 은선 0.3mm 골드 8cm / 골드체인 25cm / 귀걸이훅 1쌍

How to make

♥♥ 목걸이

① 크리스털 VL 14mm에 체인을 걸어 은선으로 말아 고리를 만든 다음 제트 AB 3mm를 넣어 고리를 만들어 마무리한다.

② 크리스털 스퀘어 VL 14mm의 위아래를 똑같이 만드는데 아래쪽에는 고리에 체인 5개를 미리 걸어 고리를 만든다.

③ O링 좌우로 은선에 제트 AB 3mm 1개씩 넣어 고리를 만들어가며 25개씩 진행하는데 체인 35cm를 준비하여 25번째 고리 만들 때 은선으로 같이 말아준다.

④ O링으로 길이조절체인에 연결하여 완성한다.

♥♥ 귀걸이

① 목걸이 만들 때의 방법 1, 2번과 똑같이 만든다.

② 위쪽은 O링 대신에 귀걸이훅을 걸어 완성한다.

코디제안
심플한 디자인에 현대적인 감각이 더해져 고급스러움을 선사하는 목걸이이다. 마름모장식에 가는 체인이 늘어져 있는 스타일로 귀걸이와 함께 코디하면 한층 센스있는 스타일로 거듭나게 해주는 아이템이다. 심플한 의상과 매치해야 고급스러운 이미지를 연출할 수 있다.

은선 0.3mm 골드

제트 AB 3mm

O링

체인

크리스털 스퀘어 VL 14mm

골드체인

2.1cm
2cm
2.3cm
2.7cm
3cm

코디제안

목선에 밀착되는 착용감과 짧은 길이감으로 여성스러우면서
귀여운 느낌을 주는 아이템이다.
미니 원피스나 귀여운 디테일이 살아있는 가디건 또는 티셔츠와
코디하면 발랄한 느낌을 연출할 수 있다.

브론즈 목걸이 & 귀걸이

재료

목걸이 : SW5810 브론즈 8mm 7개 / SW5810 브라운 5mm 16개 / SW5810 브론즈 4mm 14개 / SW5810 파우더아몬드 3mm 16개 / 꽃볼체인 32cm / 초록시드비즈 53개 / O링 3개 / 길이조절체인 1개

귀걸이 : SW5810 브론즈 8mm 2개 / SW5810 브라운 5mm 4개 / SW5810 브론즈 4mm 6개 / SW5810 파우더아몬드 3mm 2개 / 귀걸이훅 1쌍 / T핀 14개 / 초록시드비즈 14개

How to make

♥♥ 목걸이

① 꽃볼체인을 35cm 정도 준비한다.

② T핀에 시드비즈 1개, 브론즈 8mm를 넣고 고리를 만들어 7개(①), T핀에 시드비즈 1개, 브라운 5mm를 넣고 고리를 만들어 16개(②), T핀에 시드비즈 1개, 브론즈 4mm를 넣고 고리를 만들어 14개(③), T핀에 시드비즈 1개, 파우더아몬드 3mm를 넣고 고리를 만들어 16개(④) 준비한다.

③ 그림과 같이 꽃볼체인 중심에 ①번, ④번을 같이 O링에 걸어 연결하고 차례로 ②번과 ③번, ②번과 ④번, ③번과 ④번, ①번과 ②번, ③번과 ④번을 걸어준다.

④ 그림과 같이 ①, ②, ③, ④번을 각각 한 개씩 O링에 걸어 연결한다.

⑤ O링으로 길이조절체인에 연결한다.

♥♥ 귀걸이

① 체인 1.8cm씩 두 개 준비한다.

② T핀에 시드비즈 1개, 브론즈 8mm를 넣고 고리를 만들어 2개(①), T핀에 시드비즈 1개, 브라운 5mm를 넣고 고리를 만들어 4개(②), T핀에 시드비즈 1개, 브론즈 4mm를 넣고 고리를 만들어 6개(③), T핀에 시드비즈 1개, 파우더아몬드 3mm를 넣고 고리를 만들어 2개(④)를 준비한다

③ 꽃볼체인 아래쪽에서부터 ①, ②, ③, ④번을 그림과 같이 연결하여 걸어 준다.

④ 위쪽에 귀걸이훅을 연결하여 완성한다.

꽃볼체인

파우더아몬드 3mm
브라운 5mm
브론즈 4mm
브론즈 8mm

코디제안

디테일까지 신경 쓴 로맨틱 체인 목걸이.
착용했을 때 라인이 우아하게 떨어지는 스타일로 신비로운 느낌과
여성스러움을 동시에 주는 아이템이다.
살짝 늘어지는 곡선의 체인 줄이 스타일을 더욱 돋보이게 하고
독특한 느낌을 선사한다. 패션의 포인트로 안성마춤!

로맨틱 체인 목걸이

난이도 ★★

재 료 SW6200 원로즈 6mm 7개 / SW5301 로즈 화이트오팔 4mm 10개 / SW5301 올리바인 AB 2X 3mm 8개 / 18P 줄난 AB 18cm / 줄난캡(18K) 4개 / 트위스트 베네치아 오벌(핑크) 17mm 3개 / O 링 11개 / T핀 12개 / 9핀 3개 / 체인 60cm / 길이조절체인 1개

H o w   t o   m a k e

① 9핀에 올리바인 AB 2X 3mm 트위스트 베네치아 오벌 (핑크) 17mm, 올리바인 AB 2X 3mm를 차례로 넣고 고리를 만들어둔다.

② ①번 펜던트에 체인 7개를 길이를 달리하여 걸어두고 위쪽에는 O링을 걸어준다.

③ 원로즈 6mm를 O링으로 체인에 걸어준다. (3개)

④ 로즈 화이트오판 4mm를 O링으로 체인에 연결한다. (2개)

⑤ 올리바인 AB 2X 3mm를 T핀에 걸어 체인에 연결한다. (2개)

⑥ 18P 줄난 AB 9cm를 2개 준비하여 양쪽에 줄난캡으로 감싼 다음 ②번 위쪽 O링에 두 줄을 걸어둔다.

⑦ ⑥번 O링 바깥쪽으로 체인을 연결하는데 그림과 같이 중간 중간에 로즈 화이트오팔 4mm, 원로즈를 걸어주고, 9핀에 올리바인 AB 2X 3mm, 트위스트 베네치아 오벌(핑크), 올리바인 AB 2X 3mm를 차례로 넣고 고리를 만들어 중간에 걸어 체인이 18P 줄난 AB보다 늘어지게 한다.

⑧ 그림과 같이 O링으로 8.5cm 체인을 다시 연결하고 O링으로 길이조절체인에 연결하여 완성한다.

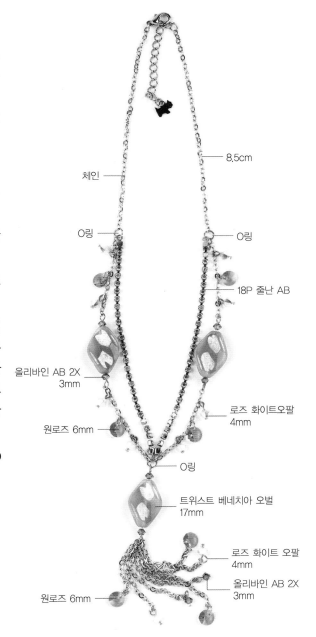

8.5cm

체인

O링

O링

18P 줄난 AB

올리바인 AB 2X 3mm

로즈 화이트오팔 4mm

원로즈 6mm

O링

트위스트 베네치아 오벌 17mm

로즈 화이트 오팔 4mm

올리바인 AB 2X 3mm

원로즈 6mm

69

코디제안

인형에 비즈로 미니 원피스를 입힌 핸드폰고리.
핸드폰의 차가운 이미지를 완화시켜 줄 사랑스럽고 귀여운 느낌을
주는 소품으로 둔갑하였다. 핸드폰의 색감에 따라 비즈 색깔을
변화시켜 원피스를 입혀주면 더욱 센스있는 소품이 될 것이다.

토끼인형 핸드폰 고리

재료

토끼인형 : SW5301 Lt 로즈 AB 3mm 28개 / SW5301 로즈 3mm 14개 / SW6200 원로즈 6mm 14개 / 분홍색 투명시드비즈 100개 / 토끼인형 小 1개 / 핸드폰 매듭고리 1개 / O링 1개 / 낚싯줄 80cm
곰인형 : SW5301 Lt 콜로라도 토파즈 AB 3mm 28개 / SW5301 스모키 토파즈 3mm 14개 / SW6200 크리스털 AB 6mm 14개 / 연갈색 시드비즈 100개 / 곰인형 小 1개 / 핸드폰 매듭고리 1개 / O링 1개 / 낚싯줄 80cm

How to make

① 아래 그림을 보면서 시드비즈로 13번까지 진행한 후 Lt 로즈 AB 3mm(Lt 콜로라도 토파즈 AB 3mm)를 넣으며 26번까지 진행한다.

② 한쪽 줄에 로즈 3mm(스모키토파즈 3mm)와 원로즈 6mm(크리스털 AB 6mm)를 같이 넣고 시드 2개를 넣은 다음 원로즈 6mm(크리스털 AB 6mm)와 로즈 3mm(스모키토파즈 3mm)에서 교차한다.

③ 39번까지 진행한 후 그림과 같이 40, 41, 42까지 하면 동그랗게 말아지는데 이때 토끼(곰)인형에 입혀주면 된다.

④ 치마모양 밑에 있는 시드비즈를 쭉 한 바퀴 돌려주어 모양을 잡아준다.

⑤ 어깨끈을 만들 때 그림과 같이 낚싯줄 두 줄을 모아 시드비즈 8개 넣고 맞은편 시드비즈에 걸어 매듭하고 돌려준다.(양쪽 똑같이)

⑥ O링으로 핸드폰 매듭고리를 연결하여 완성한다.

[어깨끈]

8   8

(13)   (42)

13	42	1
14	41	26
39	새로 넣는 것 40	27

[치마]

1	2	3	4	5	6	7	8	9	10	11	12	13
26	25	24	23	22	21	20	19	18	17	16	15	14
27	28	29	30	31	32	33	34	35	36	37	38	39

시드 비즈

Lt 로즈 AB 3mm
(Lt 콜로라도 토파즈 AB 3mm)

로즈 3mm
(스모키 토파즈 3mm)

원로즈 6mm
(크리스탈AB 6mm)

코디제안
반짝반짝 빛나는 투명 빛깔의 비즈로
빛을 받으면 드러나는 다채로운 색감이 아름다움을 자아낸다.
목티나 칼라티 위에 포인트를 줄 때 매치하면 더욱 멋스럽다.
고급스러움에 화려함을 더한 완소품!

크리스털 꽃장식 목걸이

난이도 ★★★

 재료 SW6090 드롭(바로크) 크리스털 AB 16mm 6개 / SW5301 에메랄드 2X 4mm 36개 / SW5301 존킬 AB 4mm 16개 / SW6010 팬시드롭 크리스털 AB 11mm 6개 / 초록색 시드비즈 320개 정도 / 비드팁 2개 / 길이조절체인 1개 / 체인 2cm / 고정볼 4개 / 은선 20cm / 볼핀 4개 / 낚싯줄 100cm

How to make

① 시드비즈 6개를 넣고 교차한 후 에메랄드 2X 4mm와 드롭 (바로크) 크리스털 AB 16mm를 같이 넣고 시드비즈 3개, 다 시 드롭(바로크) 크리스털 AB 16mm와 에메랄드 2X 4mm 에서 교차한다.

② 이런 방법으로 그림과 같이 7번까지 진행한 후 시드비즈 3 개씩 돌려주어 펜던트를 만든다.

③ 낚싯줄 30cm를 두 개 준비하여 끝에 고정볼을 끼우고 낚싯 줄을 다시 고정볼 안으로 집어 넣은 다음 고정볼을 꾹 눌러 주는데 이때 체인 1cm씩 미리 걸어둔다.

④ ③의 체인에 팬시드롭 크리스털 AB 11mm를 은선에 감아 각각 3개씩 걸어주고 볼핀에 에메랄드 2X 4mm 1개와 존킬 AB 1개를 각각 9자말이하여 걸어준다.

⑤ ④의 줄에 각각 시드비즈 10개, 에메랄드 2X 4mm 1개, 시 드비즈 1개, 존킬 AB 4mm 1개, 시드비즈 1개, 에메랄드 2X 4mm 1개를 넣는다.

⑥ ⑤를 한번 더 반복한 후 한쪽 낚싯줄에는 시드비즈 15개, 다 른쪽 낚싯줄에는 시드비즈 20개를 넣어 변화를 준다.

⑦ 한쪽 낚싯줄은 ②번의 펜던트 뒤쪽 시드비즈 3개를 통과하 고 다른 쪽 낚싯줄은 맞은편 시드비즈 3개를 통과하여 올라 간다.

⑧ 양쪽에 시드비즈 15개씩 넣고 에메랄드 2X 4mm 1개, 시드 비즈 1개, 존킬 AB 4mm 1개, 시드비즈 1개, 에메랄드 2X 4mm 1개를 넣고 다시 시드비즈 10개를 넣는다.

⑨ 그림과 같이 반복적으로 진행한 후 마지막에는 시드비즈를 45개씩 넣고 비드팁을 넣어 마무리한다.

⑩ O링으로 길이조절체인에 연결하여 완성한다.

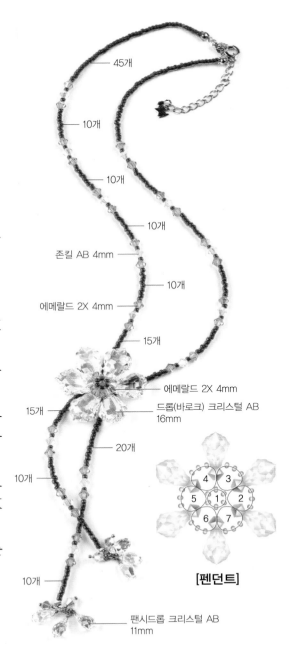

45개
10개
10개
10개
존킬 AB 4mm
10개
에메랄드 2X 4mm
15개
에메랄드 2X 4mm
드롭(바로크) 크리스털 AB 16mm
15개
20개
10개
10개
팬시드롭 크리스털 AB 11mm

[펜던트]

코디제안

고급스러움을 부각시키는 그레이와 광택이 도는
시크한 블랙이 어울리는 귀걸이. 큰 장식 아래 비즈를 달아
고급스러움에 화려함을 더했다. 밝은 톤의 그레이 계열 의상이나
블랙 의상과 매치하면 스타일 Good!

코디제안

샹들리에처럼 곡선의 라인이 아름답고 화려함을 강조한
귀걸이. 여성스런 스타일의 옷과 매치하면 감각적이고
사랑스런 느낌을 줄 수 있는 아이템이다. 포인트가 없는
단조로운 의상과 코디하면 스타일을 돋보일 수 있다.

트위스트 오닉스 귀걸이 / 샹들리에 귀걸이 난이도 ★★

 트위스트 오닉스 귀걸이 : SW5810 나이트 블루펄 4mm 8개 / 트위스트 베네치아 오벌(그레이) 17mm 2개 / 설화석 4mm 4개 / 오닉스컷팅 4mm 12개 / 볼핀 20개 / 9핀 2개 / 크리스털 스톤 실버 이어링 / 실버체인 30cm
샹들리에 귀걸이 : SW5301 시암 AB 2X 4mm 8개 / SW5810 버건디펄 6mm 10개 / 메탈 뭉게구름 장식 2개 / 메탈캡 2개 / T핀 18개 / 귀걸이훅 1쌍

H o w   t o   m a k e

♥♥ 트위스트 오닉스 귀걸이

① 9핀에 설화석, 트위스트 베네치아 오벌(그레이), 설화석을 넣고 고리를 만드는데 체인 2cm와 1.7cm를 같이 걸어둔다.

② 볼핀에 나이트 블루펄 4mm를 넣고 고리를 만들어 중간중간에 걸어준다. (4개)

③ 볼핀에 오닉스컷팅 4mm를 넣고 고리를 만들어 중간중간에 걸어준다. (6개)

④ 위쪽에 귀걸이훅을 연결하여 완성한다.

설화석

트위스트 베네치아 오벌
(그레이) 17mm

나이트 블루펄
4mm

오닉스컷팅 4mm

♥♥ 샹들리에 귀걸이

① T핀에 시암 AB 2X 4mm를 넣고 고리를 만들어 둔다. (4개)

② T핀에 버건디펄 6mm, 메탈캡을 넣고 고리를 만들어 둔다. (1개)

③ T핀에 버건디펄 6mm를 넣고 고리를 만들어 둔다. (4개)

④ 메탈 뭉게구름 장식판에 그림과 같이 순서대로 걸어준다.

⑤ 위쪽에 귀걸이훅을 연결하여 완성한다.

메탈 뭉게구름
장식

시암 AB 2X 4mm

버건디펄 6mm

메탈캡

PART four

04

아름다움 더하기 센스

최근 유행하는 디자인의 액세서리를 만들어두면 외출할 때 더욱 더 아름답고 센스 있는 감각을 살릴 수 있어 좋다. 계절에 맞는 소재로 좋아하는 의상과 어울리는 컬러를 조화롭게 빚어내는 재미가 쏠쏠하다. 밋밋하게 느껴지는 목선에 포인트를 주는 비즈 주얼리로 센스있는 코디 감각을 발휘해 보자. 발랄하고 경쾌한 리듬감으로 성숙한 멋스러움을 한껏 살리는 디자인이다.

코디제안

두 줄로 길게 늘어뜨린 목걸이 줄에 넥타이 형태의
플라워 크리스털로 포인트를 준 아이템이다.
평소와는 다른 색다른 분위기를 연출하고 싶을 때 목티나 셔츠
위에 매치하여 보자.
훨씬 세련되고 멋진 모습으로 코디가 되어 있을 것이다.

플라워 크리스털 넥타이 목걸이

난이도 ★★★★

SW3700 플라워 크리스털 VM 8mm 6개 / SW3700 볼케이노 M 8mm 9개 / 파이어폴리시 올리바인 라브라도 8mm 38개 / SW5810 브론즈 4mm 8개 / SW5301 올리바인 ST 3mm 20개 / SW5301 파파라샤 3mm 20개 / SW5301 투르마린 4mm 20개 / 자주색 시드비즈 950개 / 고정볼 4개 / 피아노줄 150cm

How to make

① 낚싯줄에 파이어폴리시를 넣고 15번까지 진행한 후 두 줄 모아 플라워 크리스털, 시드비즈 1개, 플라워 크리스털을 통과하여 맞은편 파이어폴리시에서 교차한다.

② 이와 같은 방법을 반복하여 15개의 플라워 크리스털을 빈 공간에 메꿔 나간다.

③ 낚싯줄에 시드비즈 10개를 넣고 2개에서 교차한다. 아래 그림과 같이 표시된 순서대로 파파라샤 3mm, 투르마린 4mm, 올리바인 ST 3mm를 넣어가며 원통기둥을 만들어 둔다. (4개)

④ 피아노줄 95cm씩 두 줄 준비하여 끝에 고정볼을 눌러 고정시키고 SW5810 브론즈 4mm 1개, ❸번 원통기둥, SW5810 브론즈 4mm 1개를 넣고 시드비즈 9.5cm가 되도록 넣은 다음 꽃모티브의 뒤쪽 파이어폴리시 구멍을 타고 쭉 올라간다.

⑤ 다시 시드비즈를 64cm가 되도록 넣은 다음 파이어폴리시 구멍을 타고 쭉 내려온다.

⑥ 다시 시드비즈를 8cm 넣고 SW5810 브론즈 4mm 1개, 원통기둥 1개, SW5810 브론즈 4mm 1개를 넣고 고정볼로 눌러 완성한다.

⑦ 한쪽 줄(바깥쪽 줄)도 똑같은 방법으로 하되 늘어지는 길이가 6.5cm, 7cm가 되도록 마무리하여 완성한다.

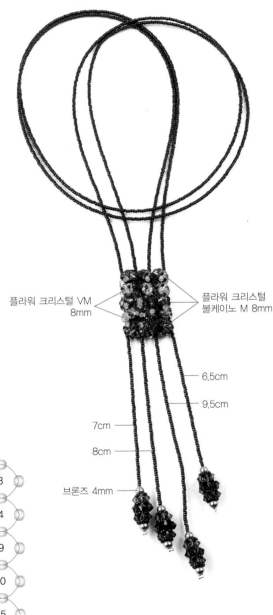

플라워 크리스털 VM 8mm

플라워 크리스털 볼케이노 M 8mm

6.5cm
9.5cm
7cm
8cm
브론즈 4mm

[원통기둥]

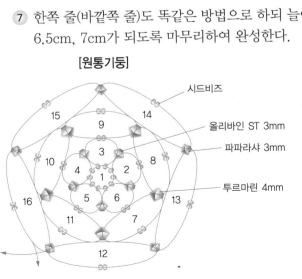

시드비즈
올리바인 ST 3mm
파파라샤 3mm
투르마린 4mm

15 14
9
3
10 4 1 2 8
5 6
16 11 7 13
12

[펜던트 뒷면]

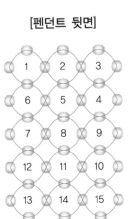

1	2	3
6		4
7	8	9
12	11	10
13	14	15

블랙 와이어장식 목걸이

난이도 ★ ★

재료 SW6010 팬시드롭 제트 AB 12mm 6개 / SW5301 제트 5mm 12개 / SW5301 블랙다이아몬드 4mm 60개 / SW5301 Lt 피치 AB 4mm 4개 / SW5301 제트 3mm 66개 / SW5301 Lt 콜로라도 토파즈 3mm 2개 / 부채꼴 부채살 컷팅 14mm 샴페인 2개 / 메탈커넥터 볼륨크로스 6개 / 메탈캡 10mm 1개 / 메탈캡 4mm 5개 / O링 4개 / 고정볼 3개 / 동선 0.3mm 실버 15cm / 체인 20cm / 길이조절체인 1개 / 피아노줄 55cm

How to make

① 은선에 팬시드롭 제트 AB 12mm와 메탈캡 10mm, 제트 3mm를 넣고 고리를 만들어준다.

② 은선에 팬스드롭 제트 AB 12mm와 메탈캡 4mm, 제트 3mm를 넣고 고리를 만들어 체인과 연결해 두는데(5개) 각 각 길이를 달리해서 준비하여 체인 5개를 O링에 걸어둔다.

③ 피아노줄 55cm에 ②를 걸고 양쪽으로 Lt 콜로라도 토파 즈 3mm 각각 1개씩, 부채꼴 부채살컷팅 14mm 샴페인을 각각 1개씩 넣어 고정볼에서 교차하여 ①을 O링으로 연결 하여 고정볼에 걸어준 다음 고정볼을 꾹 눌러준다.

④ 양쪽 똑같이 제트 3mm 5개, 블랙다이아몬드 4mm 5개, 제트 5mm 1개, 메탈커넥터 볼륨크로스 1개, 제트 5mm 1 개, 블랙다이아몬드 4mm 5개, 제트 3mm 5개를 넣고 Lt 피치 AB 4mm 1개를 넣는다.

⑤ 그림과 같이 반복하여 비드팁을 넣고 고정볼로 눌러주어 마무리한다.

⑥ O링으로 길이조절체인을 연결하여 완성한다.

코디제안

다양한 형태의 비즈로 디테일에 신경 쓴 블랙 와이어장식 목걸이. 광택이 도는 시크한 블랙과 독특하고 세련된 디자인으로 시선을 잡아끄는 스타일이다. 그레이 정장에 매치하면 고급스러움과 함께 더욱 멋스러운 스타일을 완성시켜줄 완소 아이템이다.

메탈커넥터 볼륨크로스

Lt 피치 AB 4mm

제트 5mm

메탈커넥터 볼륨크로스

블랙다이아몬드 4mm

제트 3mm

고정볼로 눌러준다.

메탈캡 10mm

피아노줄

팬시드롭 제트 AB 12mm

부채꼴 부채살컷팅 14mm 샴페인

O링

메탈캡 4mm

팬시드롭 제트 AB 12mm

코디제안

경쾌함과 톡톡튀는 느낌을 주는 두 줄 팔찌.
밋밋한 스타일에 손목을 장식하면서 세련되고 멋스러움을
안겨주는 아이템이다. 가끔은 손목에 주얼리 포인트로
멋지고 우아한 분위기를 연출해 보자.

코디제안

꽃장식과 다양한 비즈장식을 신비롭게 조화시켜
로맨틱함을 더한 헤어핀. 자연에서 얻은 다이나믹한 느낌으로
헤어스타일링에 포인트를 줄 수 있는 아이템이다. 소녀같은
청순한 이미지와 은은한 여성스러움으로 시선을 압도한다.

두 줄 팔찌 / 플라워 헤어핀

난이도 ★★

재료 **두 줄 팔찌** : SW6200 제트 6mm 12개 / SW5301 칼 2X 4mm 12개 / 크리스털 원반 제트 8mm 5개 / 체인 16cm / 군번컷팅볼 체인 17cm / O링 19개 / T핀 12개 / 연결고리 1개
플라워 헤어핀 : SW5810 크림로즈 6mm 1개 / SW5810 크림로즈 4mm 1개 / SW5000 시암 AB 3mm 1개 / 로도나이트 꽃장식 1개 / 앤틱 헤어핀대 1개 / 나뭇잎 비즈 3개 / 초록색 시드비즈 45개 / 파이어폴리시 스모키 토파즈 3개

H o w   t o   m a k e

♥♥ 두 줄 팔찌

① 군번컷팅 체인을 14.7cm 준비해 둔다.

② 체인 16cm를 준비하여 1번 줄과 같이 O링으로 연결한다.(양쪽 모두)

③ T핀에 칼 2X 4mm 12개를 9자말이하여 체인 중간중간에 연결한다.

④ 크리스털 원반 제트 8mm를 O링에 걸어 그림과 같이 규칙적으로 걸어준다.

⑤ 제트 6mm를 O링에 걸어 칼 2X 4mm 사이사이에 2개씩 걸어준다.

⑥ 체인 양쪽에 연결했던 O링에 연결고리를 걸어 완성한다.

연결고리

군번컷팅볼 체인

제트 6mm

크리스털 원반 제트 8mm

칼 2X 4mm

♥♥ 플라워 헤어핀

① 낚싯줄을 헤어핀대 뒤쪽에서 매듭지어 위로 돌려준다.

② 헤어핀대 중앙에 로도나이트 꽃장식을 고정시키고 꽃 중앙에 시암 AB 3mm를 넣어 고정시킨다.

③ 꽃옆으로 시드비즈 5개씩 넣어 타원을 그리며 한 바퀴 돌려준다.

④ 나뭇잎 비즈 3개를 군데군데 넣어 고정시키고 시드비즈 3개, 파이어폴리시 스모키 토파즈, 시드비즈 1개를 넣고 다시 파이어폴리시 스모키 토파즈, 시드비즈 3개를 통과하여 고정시킨다.

⑤ 시드비즈 2개, SW5810 크림 로즈 6mm(4mm), 시드비즈 1개, SW5810 크림 로즈 6mm(4mm)를 통과하여 시드비즈 2개를 넣고 고정시킨다.

⑥ 낚싯줄을 묶어 액체접착제를 칠한 후 잘라내어 완성한다.

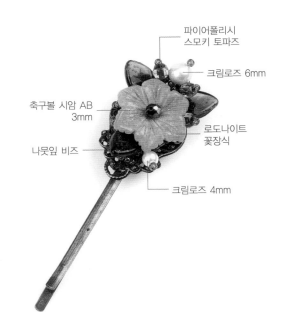

파이어폴리시 스모키 토파즈

크림로즈 6mm

축구볼 시암 AB 3mm

로도나이트 꽃장식

나뭇잎 비즈

크림로즈 4mm

코디제안

반짝반짝 빛나는 줄에 이슬 맺힌 꽃잎 같은 물방울 크리스털 장식이
생기를 더한다. 큐트하면서도 성숙한 이미지로 분위기를 한껏 살려준다.
깔끔한 셔츠나 티셔츠에 매치하거나 재킷 안에 코디하면 경쾌한
느낌을 연출할 수 있다.

물방울 크리스털 목걸이

난이도 ★★★

재 료 SW5301 올리바인 도라도 4mm 40개 / SW5301 버건디 4mm 48개 / 물방울 지르콘 샴페인 6mm 12개 / 퍼플믹스 시드비즈 95개 / 비드팁 2개 / O링 2개 / 길이조절체인 1개 / 낚싯줄 100cm

H o w   t o   m a k e

① 올리바인 도라도 4mm 4개를 넣고 교차한다.

② 아래 그림과 같이 올리바인 도라도 4mm와 버건디 4mm, 물방울 지르콘 샴페인 6mm를 넣어가며 순서대로 17번까지 진행한 다음, 올리바인 도라도 4mm 4개를 한 번씩 통과하며 매듭짓는다.

③ 펜던트 위쪽 시드비즈에 낚싯줄을 걸어 시드비즈 12개를 넣고 고리를 만들어둔다.

④ 고리에 낚싯줄을 걸어 시드비즈 6개를 넣고 양쪽으로 똑같이 버건디 4mm 1개, 시드비즈 1개, 올리바인 도라도 4mm 1개를 번갈아가며 반복하여 원하는 길이로 만든다.

⑤ 비드팁을 넣고 마무리한 후 O링으로 길이조절체인에 연결하여 마무리한다.

올리바인 도라도 4mm

버건디 4mm

6개

물방울 지르콘 샴페인 6mm

버건디 4mm
올리바인도라도 4mm

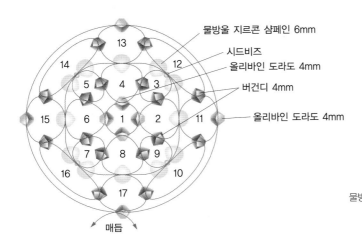

물방울 지르콘 샴페인 6mm
시드비즈
올리바인 도라도 4mm
버건디 4mm
올리바인 도라도 4mm

매듭

코디제안

화사하고 예쁜 컬러감으로 화려한 플라워 장식이 돋보인다.
항상 가지고 다니는 핸드폰에 포인트를 주고, 여기에 거울의 기능도
있어 실용성까지 갖춘 핸드폰 줄. 바쁜 일상에서 벗어나 마음의 거울을
들여다보며 부드러운 미소를 지어보는 여유를 가져 보는 건 어떨까?

꽃장식 유리거울 핸드폰 고리

난이도 ★★★★★

재 료 SW5301 시암 AB 2X 92개 / SW5301 Lt 로즈 AB 2X 102개 / 골드 극소시드비즈 210개 / 파이어폴리시 연보라브론즈 3mm 63개 / 칠보 핸드폰 고리 1개 / 거울 2개

How to make

① 시드 5개를 넣고 교차하여 Lt 로즈 AB 2X, 파이어폴리시를 넣으며 7번까지 하면 다섯 꽃 모티브가 완성되며, 11번까지 진행하면 네 꽃 모티브가 완성된다.

② 시암 AB 2X, 파이어폴리시 연보라 브론즈를 넣으며 그림과 같이 같은 방법을 반복하여 ①의 모티브가 아홉 번 반복될 때까지 계속한다.

③ 뒤쪽도 똑같이 진행하는데 a와 b와 c의 파이어폴리시 연보라브론즈는 앞쪽에서 넣었던 것인데 그것을 그대로 통과하면서 진행해야 앞뒤가 이어지므로 주의한다.

④ 뒤쪽을 마무리하기 전에 거울을 두 장 포개어 모티브 안에 넣어준 후 낚싯줄을 살짝 잡아당겨 매듭짓는다.

⑤ 네 꽃 모티브 위쪽 파이어폴리시에 낚싯줄을 걸어 양쪽에 똑같이 시드비즈 1개, Lt 로즈 AB 2X 1개, 시드비즈 1개, Lt 로즈 AB 2X 1개, 시드비즈 1개, Lt 로즈 AB 2X 1개, 시드비즈 1개를 넣고 시암 AB 2X에서 교차한다.

⑥ 다시 양쪽에 시드비즈 1개, Lt 로즈 AB 2X 1개, 시드비즈 1개, Lt 로즈 AB 2X 1개를 넣고 시암 AB 2X에서 교차한다.

⑦ 시드비즈 1개, Lt 로즈 AB 2X 1개, 시드비즈 1개를 각각 넣고 비드팁을 넣어 마무리한 후 O링으로 칠보 핸드폰 고리에 연결하여 완성한다.

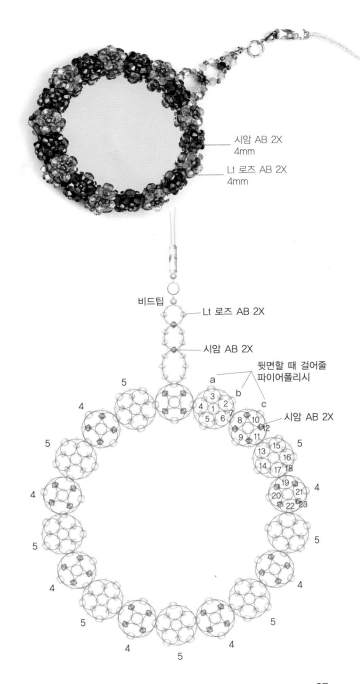

시암 AB 2X
4mm

Lt 로즈 AB 2X
4mm

비드팁

Lt 로즈 AB 2X

시암 AB 2X

뒷면할 때 걸어줄
파이어폴리시

시암 AB 2X

코디제안

공주같이 귀엽고 여성스러운 느낌을 자아내는
커넬리언 리본 목걸이 & 귀걸이. 프릴이나 레이스가 달린 가디건이나
V라인 블라우스에 매치하면 더욱 사랑스러운 느낌을 연출할 수 있다.
파스텔톤 의상이나 카키톤이 가미된 화사한 그린 컬러에
포인트를 주는 센스를 발휘해 보자.

커넬리언 리본 목걸이 & 귀걸이

난이도 ★★

재 료
목걸이 : 커넬리언 리본 1개 / 커넬리언 오벌 6mm 19개 / 매화석 라운드 4mm 32개 / 매화석 라운드 3mm 206개 / 초록색 시드비즈 20개 정도 / 9핀 33개 / T핀 3개 / O링 3개 / 길이조절체인 1개 / 낚싯줄 60cm
귀걸이 : 커넬리언 리본 2개 / 커넬리언 오벌 6mm 6개 / 9핀 2개 / T핀 6개 / 귀걸이칩 1쌍 / 골드체인 20cm / 연주황 시드비즈 12개

H o w   t o   m a k e

♥♥ 목걸이

① 낚싯줄 50cm 두 줄을 비드팁에 마무리하여 매화석 3mm 2개씩 넣고 시드비즈에서 교차한다.

② 그림과 같이 매화석 3mm 2개씩 넣고 시드비즈에서 교차를 반복하여 61번째에서 비드팁에 마무리하여 준비해 둔다.

③ 9핀에 매화석 3mm 1개, 커넬리언 리본 1개, 매화선 3mm 1개를 넣고 고리를 만드는데 아래쪽에는 체인 3개를 길이를 달리하여 걸어두고 위쪽에도 O링을 걸어 둔다.

④ T핀에 시드비즈 1개, 커넬리언 오벌 6mm 1개, 시드비즈 1개를 넣고 고리를 만들어(3개) ③의 체인에 연결한다.

⑤ 9핀에 시드비즈 1개, 커넬리언 오벌 6mm 1개, 시드비즈 1개를 넣고 고리를 만들어 둔다. (16개)

⑥ 9핀에 매화석 4mm 1개, 초록 시드비즈 1개, 매화석 4mm 1개를 넣고 고리를 만들어 둔다. (16개)

⑦ ③의 커넬리언 리본 위쪽 O링에 ⑤와 ⑥을 각각 차례로 연결하며 양쪽을 똑같이 만든다.

⑧ O링으로 길이조절체인에 연결할 때 ②도 함께 걸어주어 두 줄 라인이 생기게 한다.

♥♥ 귀걸이

① 9핀에 매화석 3mm, 커넬리언 리본 1개, 매화석 3mm를 넣고 고리를 만들어 둔다.

② 고리 아래쪽에 체인 3개를 길이를 달리하여 걸어 둔다.

③ T핀에 시드비즈 1개, 커넬리언 오벌 1개, 시드비즈 1개를 넣고 고리를 만들어 둔다.

④ ③을 ②의 체인에 연결한다.

⑤ 커넬리언 리본 위쪽에 귀걸이훅을 연결하여 완성한다.

오링

61번째

1

2

3

4

5

매화석 라운드
3mm

7

커넬리언 오벌
6mm

8

오링

커넬리언 리본

커넬리언 오벌
6mm

단풍장식 긴줄 목걸이

 난이도 ★★★

재 료 SW5000 시암 ST 8mm 3개 / SW5301 시암 ST 6mm 9개 / SW5601 큐브 시암 8mm 2개 / 나뭇
잎 크리스털 4개 / 나뭇잎 비즈 9개 / 꽃모양 토글바 1개 / 체인 60cm / O링 22개 / T핀 8개

H o w   t o   m a k e

1. 체인 63cm를 꽃모양 토글바에 연결하고 토글바
   양쪽에서 4.5cm가 되는 지점에 O링으로 나뭇잎
   비즈와 시암 ST 6mm 1개를 연결한다.

2. 그림과 같이 양쪽으로 3개씩 진행한다.

3. 꽃모양 토글바 밑에 O링으로 체인 7cm를 연결
   한다.

4. T핀에 시암 ST 8mm를 넣고 고리를 만들어 둔
   다. (3개)

5. T핀에 큐브 시암 8mm를 넣고 고리를 만들어 둔
   다. (2개)

6. T핀에 시암 ST 6mm를 넣고 고리를 만들어 둔
   다. (3개)

7. 4, 5, 6을 체인 위아래 중간에 걸어주고 나뭇
   잎 비즈와 나뭇잎 크리스털로 빈 공간을 메꾸듯
   이 O링으로 연결해 완성한다.

시암 ST 6mm

4.5cm

4.5cm

나뭇잎 비즈

4.5cm

꽃모양 토글바

나뭇잎 크리스털

나뭇잎 비즈

시암 ST 6mm

큐브시암
8mm

축구볼 시암 ST
8mm

코디제안

빨강과 녹색 빛이 믹스된 내추럴한 스타일의 긴 줄 목걸이.
긴 줄에 중간중간 앙증맞게 달린 비즈가 스타일에 경쾌함을 더한다.
밋밋한 기본 목티 위나 셔츠에 코디하면 멋스러움을 자아낸다.

91

앤틱 시계 목걸이

난이도 ★

재료 투어마린칩 / SW5301 버건디 6mm 6개 / SW5301 크리스털 메탈릭실버 4개 / SW5301 가넷 4mm 2개 / SW5301 투르마린 4mm 1개 / 앤틱 시계알 1개(오벌하트고리, 신주버니시) / O링 3개 / T핀 3개 / 체인 10cm / 길이조절체인 1개 / 비드팁 2개 / 와인색 시드비즈 360개 / 낚싯줄 120cm

How to make

① 낚싯줄 60cm를 앤틱 시계알 고리에 걸고 양쪽 똑같이 투어마린칩을 색깔대로 걸어준다.

② 낚싯줄 60cm를 다시 앤틱 시계알 고리에 걸고 시드비즈 30개, 버건디 6mm 1개를 번갈아 반복하며 ①의 길이에 맞춘다.

③ ①과 ②를 모아 비드탭에 연결하여 마무리한 후 O링으로 길이조절 체인에 연결한다.

④ 9핀에 가넷 4mm를 넣고 고리를 만들어 둔다.(2개)

⑤ 9핀에 투르마린 4mm 넣고 고리를 만들어 둔다.(1개)

⑥ T핀에 투어마린칩을 5개 넣고 고리를 만들어둔다.(3개)

⑦ ④, ⑥을 적당한 길이의 체인과 함께 연결하고, ⑤, ⑥을 적당한 길이의 체인과 함께 연결하여 앤틱 시계알에 O링으로 걸어준다.

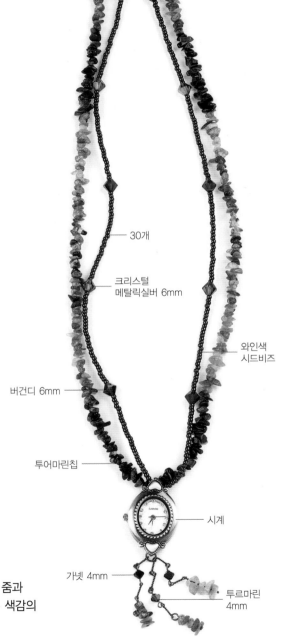

30개

크리스털 메탈릭실버 6mm

와인색 시드비즈

버건디 6mm

투어마린칩

시계

가넷 4mm

투르마린 4mm

코디제안

앤틱 시계 펜던트에 다이나믹하게 줄을 연결시켜 패션에 포인트를 줌과 동시에 실용성을 갖춘 아이템이다. 심플한 디자인의 남방이나 밝은 색감의 카디건과 매치하면 스타일리시한 분위기를 연출할 수 있다.

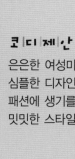

코디제안

은은한 여성미를 안겨줄 흰꽃자개 귀걸이.
심플한 디자인에 꽃장식이 포인트이고 길게 늘어뜨린 체인이
패션에 생기를 준다. 프릴이 달린 귀여운 도트무늬 원피스에 잘 어울리며
밋밋한 스타일을 180도 변신시켜줄 일등공신 아이템이다.

코디제안

고급스럽고 세련된 느낌을 주는 지르콘 귀걸이.
귀걸이훅에서부터 큐빅장식과 지르콘까지 고급스러움을 자아낸다.
컬러감이 튀지 않고 자연스러워 커리우먼 스타일의 세미정장에
코디하면 차분하고 단정해 보인다.

흰꽃자개 귀걸이 / 지르콘 귀걸이

난이도 ★

재 료

흰꽃자개 귀걸이 : 백자개(일곱꽃잎) 15mm 1개 / 백자개(일곱꽃잎) 10mm 1개 / 산호라운드 3mm 2개 / 산호라운드 2mm 2개 / 은선 0.3mm 10cm / 체인 4cm / 귀걸이훅 1쌍

지르콘 귀걸이 : 통통물방울 지르콘 블랙가넷 9mm 2개 / 통통물방울 지르콘 올리바인 7mm 2개 / 통통물방울 지르콘 시암 7mm 2개 / 삼각집게 6개 / 3고리 큐빅장식 2개 / 사각 양고리 큐빅장식 2개 / 큐빅 귀걸이훅 1쌍

H o w   t o   m a k e

♥♥ 흰꽃자개 귀걸이

① 은선 3cm에 산호 3mm를 넣고 자개꽃 15mm 앞쪽에서 뒤로 밀어넣는다.

② 은선의 한쪽 줄은 위로 올려 고리를 말아두고 다른 쪽 줄은 아래로 내려 고리를 말아두는데 이때 아래쪽 고리에 체인 1.5cm를 걸어 준다.

③ 은선 2cm에 산호 2mm를 넣고 자개꽃 10mm 앞쪽에서 뒤로 밀어넣어 고리를 만드는데 ②의 체인에 걸어준다.

④ ②의 위쪽 고리에 귀걸이훅을 연결하여 완성한다.

백자개
(일곱 꽃잎)

산호라운드
3mm

체인

산호라운드
2mm

♥♥ 지르콘 귀걸이

① 통통물방울 지르콘 블랙가넷 9mm, 통통물방울 지르콘 올리바인 7mm, 통통물방울 지르콘 시암 7mm를 삼각집게로 연결하여 둔다.

② 올리바인과 시암은 3고리 큐빅장식고리 양쪽 구멍에 걸어준다.

③ 블랙가넷은 사각 양고리 큐빅장식 아래쪽에 걸어주고 3고리 큐빅장식고리 가운데에 연결한다.

④ 3고리 큐빅장식고리 위에 귀걸이훅을 연결하여 완성한다.

3고리 큐빅장식

통통 물방울 지르콘
올리바인 7mm

통통 물방울 지르콘
시암 7mm

통통 물방울 지르콘
블랙가넷 9mm

PART five

05

편안하고 내추럴한 비즈

단순한 것 같으면서도 뭔가 독특하고 전혀 어울릴 것 같지 않으면서도 자연스런 개성 만점의 주얼리 포인트가 될 수 있는 아이템이다. 청순하면서도 다이내믹한 활력을 주는 신비로운 느낌이 시선을 압도한다. 전체적으로 정갈하고 심플한 디자인으로 또렷한 이미지를 심어주는 개성 만점 디테일을 선보인다.

팔각컷팅 코퍼 목걸이

난이도 ★★

재료 SW8116 팔각컷팅 코퍼 12mm 3개 / SW8116 팔각컷팅 코퍼 8mm 6개 / SW5301 도라도 2X 4mm 60개 / 파이어폴리시 도라도 4mm 6개 / 금색펄 시드비즈 100개 정도 / O링 11개 / 클래습 1개 / 낚싯줄 150cm

How to make

① 낚싯줄에 시드비즈 9개를 넣고 교차한 후 그림과 같이 1번 모양대로 진행한다.

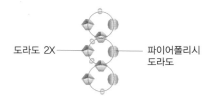

도라도 2X ──── ──── 파이어폴리시 도라도

② 계속 똑같은 방법으로 6번까지 하면 한쪽 길이가 거의 완성되는데 그 다음 시드비즈로 진행할 때 두 번째 아래쪽으로 시드비즈 4개를 넣은 다음 교차한다.(중심 펜던트를 걸어야 하므로)

③ 오른쪽 그림과 같이 맞은편도 규칙적으로 반복하여 마무리한다.

④ O링으로 클래습에 연결한다.

⑤ 중심에 팔각컷팅 코퍼 12mm 3개, 양쪽에 팔각컷팅 8mm 3개씩을 O링에 연결하여 그림과 같이 걸어주면 완성된다.

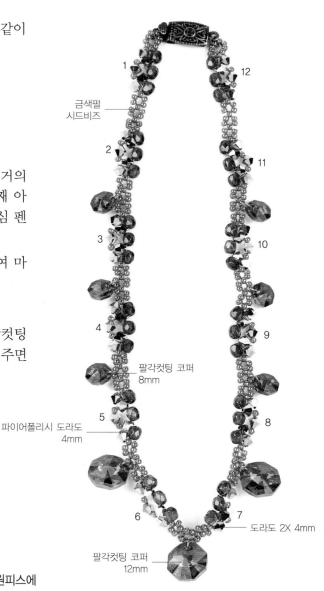

금색펄 시드비즈

팔각컷팅 코퍼 8mm

파이어폴리시 도라도 4mm

도라도 2X 4mm

팔각컷팅 코퍼 12mm

코디제안

팔각컷팅 비즈가 유난히 반짝이며 빛나고, 골드빛 색상이 신비로움과 멋스러움을 준다. 편안한 티셔츠나 밤색 V라인 원피스에 코디하면 화려함과 동시에 사랑스럽고 여성스런 이미지를 줄 수 있다.

피치스톤 목걸이

난이도 ★

재 료 담수진주 라운드 크림 72개 / 납작 물방울 피치스톤 3개 / 산호 라운드컷 3mm 23개 / 고정볼 4개 /
길이조절체인 1개 / 메탈 앞장식 1개 / 낚싯줄 80cm

H o w t o m a k e

① 메탈 앞장식에 낚싯줄을 걸어 두 줄을 똑같은 길이로
맞춘 다음 고정볼을 끼운다.

② 담수진주 크림색을 3개 넣고, 산호 라운드컷 3mm 1개
를 넣는다. 이것을 반복적으로 진행한다. (맞은편도 똑
같이)

③ 양쪽 길이를 맞추고 비드팁을 넣어 마무리하고 길이조
절체인에 연결한다.

④ 메탈 앞장식 가운데에 은선으로 납작 물방울 피치스톤
을 말고 또 산호 라운드컷 3mm를 말아 연결한다.

⑤ 메탈 앞장식 양옆에 은선으로 납작 물방울 피치스톤을
말아 연결하여 완성한다.

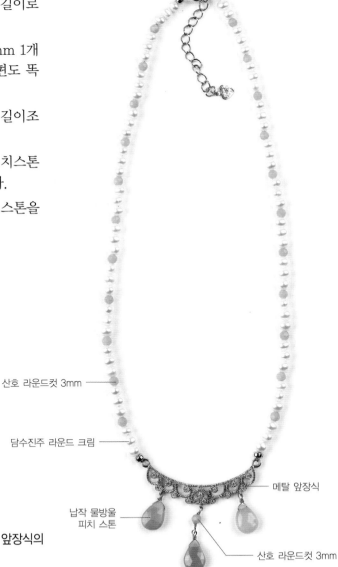

산호 라운드컷 3mm

담수진주 라운드 크림

메탈 앞장식

납작 물방울
피치 스톤

산호 라운드컷 3mm

코디제안

산호의 부드럽고 따사로운 색감과 프릴이 달린 듯한 메탈 앞장식의
디자인이 서로 어울려 귀여움과 여성스러움을 살려준다.
핑크색 카디건이나 크림색 블라우스와 매치하면 잘 어울린다.

핵진주 심플 목걸이

재료 SW5810 Lt 그레이 10mm 1개 / SW5810 Lt 그레이 8mm 4개 / SW5301 크리스털 칼 2X 18개 / 무늬핵진주 그레이 6mm 10개 / 담수진주 오벌 그레이 72개 / 볼론델 실버 크리스털 2개 / 그레이 시드 비즈 144개 / 비드팁 2개 / O링 2개 / 길이조절체인 1개 / 낚싯줄 120cm

H o w   t o   m a k e

① 낚싯줄 60cm 두 줄을 비드팁에 마무리하여 준비한다.

② 한쪽 줄에 시드비즈 6개, 다른 한쪽 줄에 담수진주 오벌 그레이 3개를 넣고 두 줄 모아 칼 2X 3mm를 넣는다.

③ 그림과 같이 이것을 6번 반복하고 나서 무늬핵진주 그레이 6mm, Lt 그레이 8mm, 무늬핵진주 그레이 6mm 를 넣고 나서 다시 한쪽 줄에는 시드비즈 6개, 다른 한쪽 줄에는 담수진주 오벌 그레이 3개를 넣고 두 줄 모아 칼 2X 3mm를 넣는다.

④ 이것을 2번 더 반복하고 그림과 같이 두 줄 모아 무늬핵진주 그레이 6mm, Lt 그레이 8mm, 무늬핵진주 그레이 6mm를 넣는다.

⑤ 다시 양쪽 줄에 시드비즈 6개, 담수진주 3개를 넣고 두 줄 모아 칼 2X를 넣는다. 이것을 2번 더 반복한 다음, 볼론델 실버 크리스털 1개, 무늬핵진주 6mm, Lt 그레이 10mm 1개, 무늬핵진주 6mm 1개, 볼론델 실버 크리스털 1개를 넣어 중심을 잡아준다.

⑥ 그림과 같이 한쪽 줄도 똑같은 방법으로 반복하여 비드팁을 넣고 마무리한다.

⑦ O링으로 길이조절체인에 연결하여 완성한다.

칼 2X 3mm

담수진주 오벌 그레이

Lt 그레이 8mm

무늬핵진주 그레이 6mm

볼론델 실버 크리스털

Lt 그레이 10mm

코디제안

고급스러움을 자아내는 그레이 색감에 메탈릭한 포인트를 주고, 광택이 도는 비즈를 믹스하여 단정하지만 세련되고 고급스러운 느낌을 준다. 네이비 컬러의 심플한 실루엣을 이루는 정장과 함께 코디하면 모던하면서 시크한 감각을 더한다.

크리스털장식 진주 목걸이

난이도 ★

재료 SW5810 크림 6mm 16개 / SW5810 크림 5mm 48개 / SW5301 민트 알라바스터 6mm 9개 / SW5301 크리스털 AB 6mm 9개 / SW5301 Lt 피치 AB 4mm 9개 / SW5301 크리솔라이트 3mm 9 개 / 볼핀 9개 / 비드팁 2개 / O링 2개 / 길이조절체인 1개 / 낚싯줄 80cm

H o w t o m a k e

① 볼핀에 민트 알라바스터 6mm 1개, 크리스털 AB 6mm 1개, Lt 피치 AB 4mm 1개, 크리솔라이트 3mm 1개를 넣고 고리를 만들어 둔다. (9개)

② 낚싯줄에 크림 6mm 2개 넣고 ①에서 만든 고리를 끼우고 다시 크림 6mm 2개 넣고 ①의 고리를 끼우고 계속 반복하여 진주 16개 사이에 ①의 고리 9개를 끼운다.

③ 양쪽 줄에 크림 5mm 24개씩 넣고 비드팁을 넣어 마무리한다.

④ O링으로 길이조절체인에 연결하여 완성한다.

크림 5mm

크림 6mm

Lt 피치 AB 4mm

크리솔라이트 3mm

크리스털 AB 6mm

민트 알라바스터 6mm

코디제안

크리스털 장식으로 목 라인에 화려함을 주는 진주 목걸이. 절제된 선이 주는 미래적인 느낌이 유니크한 멋을 선사한다. 셔츠 안에 코디하여 현대적인 여성미를 연출해 보자.

코디제안

기분에 따라 손가락에 생기를 더해줄 세 겹 플라워 반지.
그날 입은 의상에서 적당한 포인트가 없을 때 전체 색상에 맞춰
반지로 변화를 주어 보자. 화려한 플라워 장식이 많은 이들의
시선을 끌 수 있을 것이다.

세 겹 플라워 반지

재 료

반지 1 : SW3700 VM 6mm 8개 / SW5301 블루지르콘 AB 3mm 12개 / 오닉스컷팅 3mm 10개 / 낚싯줄 80cm

반지 2 : SW3700 VM 6mm 8개 / SW5301 아메시스트 AB 2X 3mm 12개 / 파이어폴리시 연보라브 론즈 3mm 10개 / 낚싯줄 80cm

How to make

① 아래 그림처럼 시드비즈 4개를 넣고 교차하여 2, 3, 4, 5번까지 하여 꽃 하나 가 완성되면 파이어폴리시에서 교차가 되어 있을 것이다.(5번)

② 파이어폴리시 양옆 꽃 크리스털 6mm를 그대로 통과하여 위로 낚싯줄을 뺀다.

③ 크리스털 3mm 1개씩 넣고 시드비즈에서 교차한 후 양쪽에 시드비즈 1개, 크 리스털 3mm, 꽃 크리스털, 파이어폴리시를 넣고 꽃 크리스털과 크리스털 3mm, 시드비즈를 그대로 통과한 후 시드비즈를 넣으며 교차한다.(6, 7, 8번)

④ 크리스털 3mm, 꽃 크리스털을 그대로 통과하여 파이어폴리시에서 교차한 후 다시 꽃 크리스털을 통과하여 낚싯줄을 위로 뺀다.(9번)

⑤ 양쪽에 크리스털 3mm 1개씩 넣고 시드비즈에서 교차한다.(10번)

⑥ 양쪽에 시드비즈, 크리스털 3mm, 꽃 크리스털 파이어폴리시를 넣고 꽃 크리 스털, 크리스털 3mm, 시드비즈를 그대로 통과하여 시드비즈에서 교차한 다.(11, 12번)

⑦ 크리스털 3mm, 꽃크리스털을 그대로 통과하여 파이어폴리시에서 교차하면 세 겹 플라워 모티브가 완성된다.(13번)

⑧ 그림과 같이 손가락 굵기에 맞춰 반지대를 완성한다. (매듭을 지어 꼭 두 번 돌 려주어야 단단하고 늘어나지 않는다.)

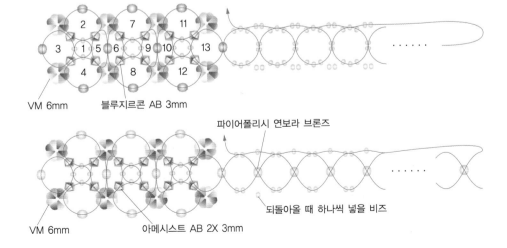

VM 6mm　　블루지르콘 AB 3mm

파이어폴리시 연보라 브론즈

되돌아올 때 하나씩 넣을 비즈

VM 6mm　　아메시스트 AB 2X 3mm

로도나이트 목걸이

난이도 ★★

재 료 SW5301 라이트로즈 6mm 10개 / 로도나이트 펜던트 30mm 1개 / 로도나이트 라운드 8mm 10개 / 로도나이트 3mm 52개 / 가넷 3mm 라운드 46개 / 메탈캡 1개 / O링 3개 / 은선 10cm / 꽃모양토글바 1개 / 낚싯줄 100cm

How to make

① 낚싯줄에 로도나이트 3mm 4개를 넣고 가넷 3mm 라운드에서 교차한다. (계속 같은 방법으로 8번까지 진행)

② 안쪽 낚싯줄에는 로도나이트 3mm 1개, 라이트로즈 6mm 1개, 로도나이트 3mm 1개를 넣고 바깥쪽 줄에는 로도나이트 3mm 1개, 로도나이트 라운드 8mm 1개, 로도나이트 3mm 1개를 넣고 가넷 3mm 라운드에서 교차한다.

③ 양쪽 줄에 로도나이트 2개씩 넣고 가넷 3mm 라운드에서 교차한다. (2번 반복)

④ 그림과 같이 ②와 ③을 반복하여 로도나이트 8mm가 5개 라이트로즈 6mm가 5개 될 때까지 진행한 후 ③을 하면 중심이다.

⑤ 중심부분 다음부터는 양쪽이 똑같아야 되니까 그림을 보며 진행한다.

⑥ 중심에 로도나이트 펜던트 30mm와 메탈캡을 은선으로 말아 고리를 만들어 O링으로 연결한다.

⑦ 끝까지 마무리하여 매듭짓고 돌려주어 끊어준 후 O링으로 꽃모양 토글바를 연결하여 완성한다.

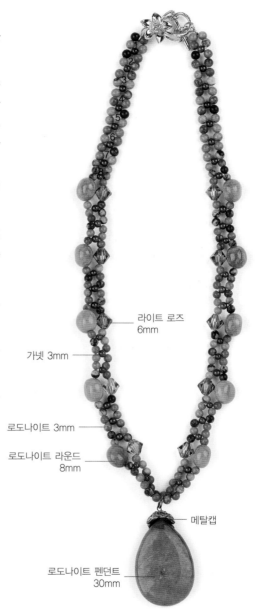

라이트 로즈
6mm

가넷 3mm

로도나이트 3mm

로도나이트 라운드
8mm

메탈캡

로도나이트 펜던트
30mm

코디제안

차분한 색감과 중후한 매력이 있는 로도나이트 목걸이.
전체적으로 안정적인 디자인에 입체감이 가미된 아이템이다.
채도가 낮은 의상과 매치해야 스타일이 돋보인다.

코디제안

밋밋한 스타일에 자연스러우면서도 세련되게
연출할 수 있는 담수진주 긴 줄 목걸이. 체인에 중간중간 담수진주를
달아 생기를 더해 캐주얼하고 경쾌한 느낌을 연출한다.
밝은 회색 셔츠나 흰 남방에 코디해 보자.

담수진주 긴줄 목걸이

난이도 ★★

재료 담수진주 그레이 10mm 10개 / 담수진주 오벌 그레이 6mm 12개 / 담수진주 오벌 그레이 4mm 60개 / 체인 90cm / 은선 0.3mm 100cm / O링 2개 / 길이조절체인 1개

How to make

① 체인 25cm씩 두 줄을 준비하여 끝에 담수진주 한 개씩 은선으로 말아 고리를 만들어 길이조절체인을 미리 연결해 둔다.

② 맞은편 체인 2개를 모아 은선으로 고리를 만들어 담수진주 그레이 10mm를 말아준다.

③ ②의 아래 고리에 체인 14cm를 연결해 둔다.

④ 위쪽 두 줄 체인에 적당한 거리를 두며 담수진주 그레이 10mm와 담수진주 오벌 그레이 6mm, 4mm를 자유자재로 은선에 말아 연결한다.

⑤ 아래 늘어진 체인에도 규칙에 얽매이지 않고 적당한 간격을 유지하면서 불규칙하게 담수진주 그레이 10mm와 담수진주 오벌 그레이 6mm, 4mm를 은선에 말아 연결한다.

⑥ 체인 마지막에 은선을 감아 담수진주 오벌 그레이 4mm를 넣고 고리를 말아 길이조절체인에 연결하여 완성한다.

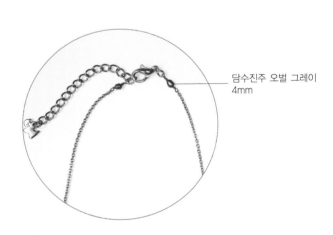

담수진주 오벌 그레이
4mm

담수진주 오벌 그레이
4mm

담수진주 오벌 그레이
10mm

담수진주 그레이
10mm

코디제안

창가의 따사로운 햇살과 봄날의 색감을 연상시키는 커넬리언 팔찌.
은은한 색감이 소프트한 이미지를 연출한다. 부드럽고 편안한 코튼 소재의
옷에 코디하면 봄볕이 내려앉은 듯 싱그러움을 자아낸다.

코디제안

은은한 파스텔톤 빛의 점토꽃과 다채로운 색깔을 품은 비즈가 어울려
봄 스타일을 제안한다. 컬러감이 튀지 않고 자연스러운 느낌을 주기 때문에
어떤 의상과도 무난히 잘 어울리는데 특히 여성스러운 원피스와
블라우스, 큐트한 이미지의 라운드 티셔츠에 코디해 보자.

커넬리언 팔찌 / 점토꽃 헤어핀

난이도 ★

재료 **커넬리언 팔찌 :** SW5301 Lt 피치 AB 4mm 14개 / 페리도트칩 30개 / 라이트 골드칩 28개 / 초록 투명 시드비즈 28개 / 커넬리언 라운드 6mm 15개 / O링 2개 / 클래습 1개 / 낚싯줄 60cm
헤어핀 1 : 피치 점토꽃 3개 / 주황색 시드비즈 60개 / 헤어핀대 1개 / 낚싯줄 80cm
헤어핀 2 : 그레이 점토꽃 2개 / 그레이 시드비즈 69개 / 헤어핀대 1개 / 낚싯줄 80cm

H o w   t o   m a k e

♥♥ 커넬리언 팔찌

① 낚싯줄에 커넬리언 라운드 6mm와 페리도트칩 2개를 넣고 시드비즈에서 교차한다.

② 다음은 Lt 피치 AB 4mm 1개, 라이트 골드칩 2개를 넣고 시드비즈에서 교차한다.

③ ①과 ②를 반복하여 원하는 길이의 팔찌로 만들어 준 후 마무리한다.

④ O링으로 클래습을 연결하여 완성한다.

클래습

페리도트칩

라이트골드칩

Lt 피치 AB
4mm

커넬리언 라운드
6mm

♥♥ 점토꽃 헤어핀

① 헤어핀대 한쪽에 낚싯줄을 고정한 후 꽃 한 개를 올려 고정시킨 후 1~2번 낚싯줄을 둘러주어 단단하게 조여준다.

② 시드비즈 3개를 꽃옆의 빈 공간에서 한 번 둘러준다.

③ 다시 꽃 한 개를 올려 고정시킨 후 1~2번 낚싯줄을 둘러주어 단단하게 조여준다.

④ 시드비즈 3개를 돌려준 후 다시 낚싯줄만 한 번 더 돌려준다.

⑤ 헤어핀대가 완전히 메꾸어질 때까지 시드비즈 3개씩 둘러주고 낚싯줄만 둘러주기를 반복한다.

⑥ 빈틈없이 메꾸어졌으면 헤어핀대 아래쪽에서 매듭을 지어 접착제를 발라두었다가 마르면 잘라낸다.

그레이 점토꽃

그레이 시드비즈

피치 점토꽃

주황색 시드비즈

자마노 펜던트 목걸이

재료 자마노 긴타원 펜던트 1개 / 멀티 오닉스 컷팅 4mm 40개 / 나비집게 1개 / 9핀 40개 / 체인 20cm / O링 4개 / 길이조절체인 1개

H o w   t o   m a k e

① 자마노 긴타원 펜던트를 나비집게로 눌러 고정해 둔다.

② 9핀에 멀티 오닉스 컷팅 4mm를 넣고 9자말이 집게로 고리를 만들어 둔다. (40개)

③ O링으로 ①의 펜던트 양쪽으로 20개씩 연결하여 준비한다.

④ ③의 체인 9cm씩을 준비하여 그림과 같이 걸어 준다.

⑤ 목걸이 끝에 길이조절체인을 연결하여 완성한다.

체인

멀티 오닉스 컷팅 4mm

O링

나비 집게

자마노 긴타원 펜던트

코디제안
복고풍의 감각적인 색감을 이루는 오닉스 컷팅 줄에
자마노 펜던트를 믹스한 스타일. 두께가 별로 없고 슬림한 착용감으로
목선에 활기를 더해 준다. 심플한 의상과 코디하여 포인트를 주자.

내추럴 그린 레드 목걸이

난이도 ★★

재료 SW5000 시암 6mm 12개 / 파이어폴리시 브론즈 4mm 14개 / 라운드 가넷 4mm 28개 / 긴 물방울 포인트백 올리바인 17mm 2개 / 긴 물방울 포인트백 시암 17mm 1개 / 나뭇잎 모양 지르콘 올리바인 13mm 2개 / 초록 시드비즈 260개 / 피아노줄 35cm / 실버베일체인 13cm / 은선 0.3mm 실버 8cm / O링 5개 / 고정볼 2개 / 비드팁 2개 / 길이조절체인 1개

How to make

① 긴 물방울 포인트백 올리바인 17mm 2개를 실버베일 체인으로 촘촘하게 감싼 후, 하나는 체인 1.5cm 연결하여 고리를 만들고, 다른 하나는 그대로 준비한다.

② 긴 물방울 포인트백 시암 17mm를 실버베일체인으로 촘촘하게 감싼 후 체인 0.5cm 연결하여 고리를 만들어 둔다.

③ O링에 ①과 ②를 함께 걸어둔다.

④ 나뭇잎 모양 지르콘 올리바인은 O링에 걸어둔다.(2개)

⑤ 피아노줄 두 줄을 비드팁에 넣고 고정볼로 마무리하여 한쪽 줄에는 시드비즈 12개, 다른 쪽 줄에는 시드비즈 3개, 라운드 가넷 4mm 1개, 파이어폴리시 브론즈 4mm 1개, 라운드 가넷 4mm 1개, 시드비즈 3개를 넣고 두 줄 모아 시암 6mm를 넣는다.

⑥ 똑같은 방법을 7번 반복한 후 그림과 같이 중심 부분에서 ④와 ③을 걸어준 후 맞은편도 똑같이 진행한다.

⑦ 양쪽 똑같은 길이가 되었으면 비드팁을 넣고 고정볼로 눌러 마무리한 후 길이조절체인을 연결하여 완성한다.

코디제안

붉은색과 녹색계열의 색을 신비롭게 조화시킨
자연 느낌의 목걸이이다. 견고하게 짜여진 줄에 반짝반짝 빛나는
펜던트를 늘어뜨려 포인트를 주었다.
내추럴하면서 세련된 스타일을 완성시켜주는 아이템이다.

1   12개
2
3
4   — 초록 시드비즈
5   — 파이어폴리시 브론즈 4mm
6
라운드 가넷 4mm
축구볼 시암 6mm
7
나뭇잎 모양 지르콘 오리바인 13mm
긴 물방울 포인트백 시암 17mm
실버베일체인
긴 물방울 포인트백 올리바인 17mm

PART

six

06

패셔너블한 당신의 선택

과감하고 풍성한 볼륨감으로 생기를 더해주는 디자인이다. 스타일리시하고 톡톡 튀는 변신과 함께 급할 때 하나의 코디만으로도 유용하게 활용할 만하다. 다른 사람의 시선을 사로잡을 수 있는 패셔너블한 모습은 다른 사람의 부러움을 사기에 충분하다. 특별한 날 비즈 액세서리가 주는 멋스러움에 한껏 취해보는 건 어떨까?

코디제안

버건디 펜던트가 무게감을 더하고 골드 브라운 계열의 색감이
우아한 분위기를 자아낸다. 새틴 소재의 베이지나
밤색 의상과 코디하면 세련되고 고급스러운 이미지를 심어줄 수 있다.

버건디 펜던트 목걸이

난이도 ★★★

재 료 SW4127 오벌 팬시스톤 버건디 30mm 1개 / SW6010 Lt 콜로라도 토파즈 9mm 3개 / SW6010 Lt 콜로라도 토파즈 7mm 12개 / SW5301 스모키 토파즈 4mm 14개 / SW5301 스모키 토파즈 3mm 41개 / 브론즈 시드비즈 320개 / 비드팁 2개 / 길이조절체인 1개 / O링 3개 / 낚싯줄 200cm

H o w   t o   m a k e

① 오벌 팬시스톤 버건디 30mm를 감싸기 위한 모티브를 만들기 위해 시드비즈와 스모키 토파즈 3mm를 넣으며 아래 그림과 같이 1번에서 38번까지 진행한다.

② 펜던트를 넣고 앞뒤 시드비즈를 촘촘히 둘러주어 단단하게 조여준 후 매듭지어 마무리한다.

③ 펜던트 아래쪽에 그림과 같이 시드비즈로 모양을 만들어 Lt 콜로라도 토파즈 9mm 3개를 O링으로 연결한다.

④ 펜던트 위쪽 가운데 부분에 있는 시드비즈 3개에 낚싯줄을 걸어 양쪽에 시드비즈 3개를 넣고 스모키 토파즈 3mm에서 교차하고 다시 시드비즈 3개씩 넣고 처음의 시드비즈 3개에서 교차하여 매듭을 짓는다.

⑤ ④번의 펜던트 고리에 낚싯줄 3줄을 넣고 양쪽으로 각각 시드비즈 10개씩 넣은 다음 3줄 모아 스모키 토파즈 4mm 1개를 넣는다. 다시 시드비즈 10개씩 넣고 3줄 모아 Lt 콜로라도토파즈 7mm를 넣는다.

⑥ 이것을 7번 반복하여 비드팁을 넣고 마무리한다.

⑦ 길이조절체인에 연결하여 완성한다.

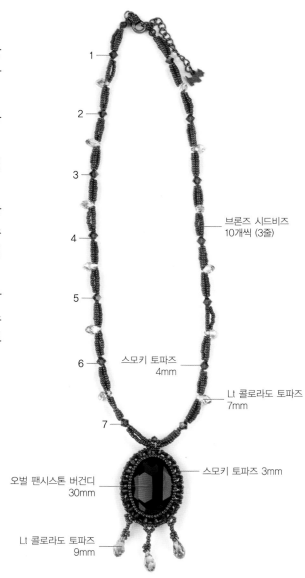

브론즈 시드비즈
10개씩 (3줄)

스모키 토파즈
4mm

Lt 콜로라도 토파즈
7mm

스모키 토파즈 3mm

오벌 팬시스톤 버건디
30mm

Lt 콜로라도 토파즈
9mm

[펜던트 장식]

브론즈 시드 비즈 3개   스모키 토파즈 3mm

1	2	3	4	5	6	7	8	9	10	11	12	13	14	15	16	17	18	19
38	37	36	35	34	33	32	31	30	29	28	27	26	25	24	23	22	21	20

1번의 동일 비즈

(◆ 은 동일 크리스탈임)

코디제안

은은한 파스텔 색감의 반짝이는 목걸이로, 눈꽃송이 장식이
중간중간 포인트로 들어가 있어 화려함을 더한다.
단조로운 주황빛 원피스나 카키 계열의 의상과 코디하여 톡톡튀는
스타일을 연출해 보자.

눈꽃송이 두 줄 목걸이 & 귀걸이

난이도 ★★★

재료

목걸이 : 어럼 2X 4mm 21개 / SW5301 도라도 2X 4mm 19개 / SW5301 Lt 콜로라도 토파즈 38개 / SW5301 크리스털 메탈릭 실버 38개 / SW5301 스모키 토파즈 38개 / 눈꽃송이 지르콘 샴페인 5개 / T핀 1개 / 9핀 1개 / O링 5개 / 비드팁 4개 / 길이조절체인 1개

귀걸이 : SW5301 도라도 2X 4mm 2개 / SW5301 Lt 콜로라도 토파즈 4개 / SW5301 크리스털 메탈릭 실버 4개 / SW5301 스모키 토파즈 4개 / 눈꽃송이 지르콘 샴페인 2개 / T핀 2개 / 9핀 2개 / 귀걸이훅 1쌍

How to make

♥♥ 목걸이

① 눈꽃송이 지르콘에 T핀을 꽂아 고리를 말아주고 9핀에 연결하여 Lt 콜로라도 토파즈 3mm, 메탈릭 실버 3mm, 스모키 토파즈 3mm, 어럼 2X 4mm, 스모키 토파즈 3mm, 메탈릭 실버 3mm, Lt 콜로라도 토파즈 3mm를 넣고 고리를 만들어 눈꽃송이 지르콘에 O링으로 연결해 준다.

② ①의 양옆으로 O링을 걸어둔다.

③ 피아노줄 40cm를 두 줄 준비하여 비드팁을 넣고 고정볼로 눌러 마무리한 후 ②의 O링에 양쪽으로 연결한다.

④ 각각 시드비즈 10개 Lt 콜로라도 토파즈 3mm와 메탈릭실버 3mm, 스모키토파즈 3mm, 어럼 2X 4mm 등과 눈꽃송이 지르콘을 순서에 맞게 그림과 같이 진행하여 마무리하지 않고 그대로 둔다.

⑤ 피아노줄 35cm를 준비하여 가운데에 눈꽃송이 지르콘을 밀어넣고 양쪽으로 시드비즈, Lt 콜로라도 토파즈 3mm, 메탈릭 실버 3mm, 스모키 토파즈 3mm, 어럼 2X 4mm를 넣으며 그림과 같이 진행한 후 ④와 함께 비드팁을 넣고 고정볼로 누른 후 마무리한다.

⑥ O링으로 길이조절체인에 연결하여 완성한다.

♥♥ 귀걸이

① 눈꽃송이 지르콘에 T핀을 꽂아 고리를 말아주고 9핀에 연결하여 Lt 콜로라도 토파즈 3mm, 메탈릭 실버 3mm, 스모키 토파즈 3mm, 어럼 2X 4mm, 스모키토파즈 3mm, 메탈릭 실버 3mm, Lt 콜로라도 토파즈 3mm를 넣고 고리를 만든다.

② ①에 귀걸이훅을 연결하여 완성한다.

25개

10개

스모키 토파즈
3mm

크리스털 메탈릭 실버
3mm

어럼 2X 4mm

눈꽃송이
지르콘 샴페인

코디제안

튀지 않는 차분한 색감의 점토꽃과 비즈가 조화를 이룬 목걸이.
화려한 디자인에 비해 컬러감이 튀지 않기 때문에 자연스러우면서도
우아한 분위기를 자아낸다. 플라워 프린트가 들어간 의상과
매치하거나 카디건과 코디해 보자.

비밀의 화원 목걸이

재료 SW5301 시암 3mm 14개 / SW5301 올리바인 3mm 80개 / SW6000 제트 13mm 3개 / 컬러담수진주 60개 / 나뭇잎 비즈 8개 / 초록색 시드비즈 130개 정도 / 빵꽃-그레이 5개 / O링 2개 / 길이조절체인 1개 / 낚싯줄 150cm

H o w   t o   m a k e

1. 낚싯줄에 시드비즈 10개를 넣고 컬러 담수진주에서 교차한다.

2. 양쪽에 시드비즈 3개씩 넣고 컬러 담수진주에서 교차하는데 컬러 담수진주가 21개 될 때까지 한다.

3. 양쪽에 시드비즈 3개씩 넣고 시드비즈에서 교차한 후 다시 시드비즈 3개씩 넣고 빵꽃에서 교차한다.

4. 그림과 같은 방법으로 빵꽃과 나뭇잎비즈, 컬러 담수진주, 제트 13mm를 넣으며 진행하여 맞은편 목걸이 줄도 컬러 담수진주가 21개 교차될 때까지 한다.

5. 맨 마지막에는 시드비즈 10개를 넣고 낚싯줄을 두 바퀴 돌려준 후 매듭지어 마무리한다.

6. O링으로 길이조절체인에 연결하여 완성한다.

10개

컬러담수진주

빵꽃-그레이

나뭇잎 비즈

제트 13mm

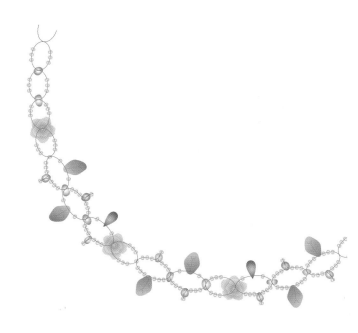

코디제안
심플한 목걸이줄에 십자가 펜던트로 포인트를 준 목걸이.
시원한 컬러감의 비즈로 다채로운 빛깔이 돋보이고
무게감과 볼륨감이 있는 펜던트가 고급스러운 느낌을 준다.
V라인 또는 U라인 넥의 티셔츠에 코디해 보자.

십자가 펜던트 목걸이

난이도 ★★★★

재료 ── SW3700 VM 6mm 12개 / SW5301 올리바인 AB 2X 4mm 46개 / SW5301 제트 헤마타이트 2X 4mm 46개 / SW5810 나이트 블루펄 4mm 8개 / 메탈커넥터 볼륨크로스 6개 / 체인 50cm / 9핀 6개 / O링 4개 / 길이조절체인 1개 / 낚싯줄 150cm

H o w   t o   m a k e

① 그림과 같이 올리바인 AB 2X 4mm 5개를 넣고 교차하여 11번까지 진행하면 앞부분이 완성된다.

② 12번부터 39번까지 교차하면 옆면이 완성되며, 뒷면은 떨어져 있는 제트 헤마타이트 2X 4 mm를 연결하며 교차해 주면 된다.

③ 매듭짓기 전에 1, 5, 7, 11번 안에 볼륨감을 살려주기 위해 나이트 블루펄 4mm를 넣어준다.

④ 십자가 펜던트 위쪽 양옆에 O링으로 체인 3.5cm를 연결해둔다.

⑤ 올리바인 AB 2X 4mm, 제트 헤마타이트 2X, 볼륨크로스, 제트헤마타이트 2X 4mm, 올리바인 AB 2X 4mm를 넣고 9핀에 말아 걸어준다.

⑥ 다시 체인 3.5cm를 연결하고 나이트 블루펄 4mm, 볼륨크로스, 나이트 블루펄 4mm를 넣고 9핀에 말아 걸어 준다.

⑦ 그림과 같이 체인 3.5cm와 ⑤를 걸어준 다음 다시 체인 3.5cm를 연결하여 길이조절체인을 걸어주면 완성이다.

나이트 블루펄 4mm

볼륨크로스

올리바인 AB 2X 4mm

3.5cm

O링

제트 헤마타이트 2X 4mm

체인

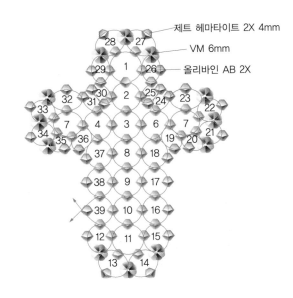

제트 헤마타이트 2X 4mm

VM 6mm

올리바인 AB 2X

블랙장미 목걸이

난이도 ★★

재료 SW5301 제트 3mm 11개 / 전사원형(분홍장미, 블랙) 14mm 1개 / 전사원형(분홍장미, 블랙) 12mm 2개 / 전사원형(분홍장미, 블랙) 10mm 4개 / 검정극소시드비즈 250개 정도 / 길이조절체인 1개 / 비드팁 2개 / 낚싯줄 90cm

How to make

① 피아노줄 한쪽에 비드팁을 넣고 고정볼로 마무리한 후 검정극소시드비즈 23개, 제트 3mm 1개, 검정극소시드 23개, 제트 3mm 1개, 검정극소시드비즈 23개를 넣는다.

② 제트 3mm 1개를 넣고 시드비즈 11개, 전사원형 10mm, 시드비즈 11개를 넣고 제트 3mm를 그대로 통과한 후 시드비즈 23개를 넣는다.

③ ②를 한 번 더 반복한다.

④ 제트 3mm 1개를 넣고 시드비즈 13개, 전사원형 12mm, 시드비즈 13개를 넣고 제트 3mm를 그대로 통과한 후 시드비즈 23개를 넣는다.

⑤ 제트 3mm 1개를 넣고 시드비즈 15개, 전사원형 14mm, 시드비즈 15개를 넣고 제트 3mm를 그대로 통과한다.

⑥ 그림과 같이 맞은편도 똑같은 방법으로 진행하여 양쪽 길이를 똑같이 만든 다음 비드팁과 고정볼로 마무리한다.

⑦ O링으로 길이조절체인에 연결하여 완성한다.

코디제안
블랙장미 프린트가 들어간 원형 비즈가 입체감을 주는 목걸이이다.
심플한 검정 비즈와 원형의 연결로 부드러움과 경쾌함을 부각시켰고,
짧은 길이감으로 귀여우면서 사랑스런 느낌을 주는 아이템이다.
검정색의 심플한 티셔츠와 코디하면 멋스럽다.

제트
3mm

전사원형
10mm

전사원형
12mm

전사원형
14mm

5각 플라워 헤어핀

재료

헤어핀 1 : SW3700 볼케이노 6mm 10개 / SW5301 시암 AB 2X 4mm 12개 / 붉은색 투명 시드비즈 92개 / 파이어폴리시 연보라 브론즈 4mm 10개 / 헤어핀대 1개 / 낚싯줄 100cm

헤어핀 2 : SW3700 헬리오트로프 6mm 10개 / SW5301 사파이어 AB 2X 4mm 12개 / 청보라 시드 비즈 92개 / 파이어폴리시 아이리스 메탈청 4mm 10개 / 헤어핀대 1개 / 낚싯줄 100cm

How to make

① 꽃 모티브는 크리스털 4mm 5개를 교차한 후 꽃 크리스털 파이어폴리시를 넣으며 7번까지 진행한 다음, 크리스털 1개로 앞부분을 메꿔준다.(8번)

② ①을 2개 만들어 헤어핀대에 고정시킨다.

③ 핀대는 시드비즈 4개씩 넣어 돌려준 다음 그냥 한 번 더 돌려주며 헤어핀대 끝까지 진행한다.

④ 빈 공간 없이 빽빽하게 메꾼 다음 헤어핀대 아래에서 매듭 지은 후 액체 접착제를 바르고 마른 후 잘라 완성한다.

[꽃 모티브 만들기]

시암 AB 2X 4mm

사파이어 AB 2X 4mm

코디제안

보는 각도에 따라 다양한 색감을 주는 비즈로 꽃을 만들고
여기에 어울리는 투명 시드비즈를 엮어 머리핀으로 탄생시켰다.
여성스러운 원피스나 레이스 장식의 블라우스와 매치해 보자.

코디제안

앤틱 헤어핀대에 핑크톤으로 장식해서 여성스러움을
한층 부각시킨 헤어핀이다. 웨이브나 디지털, 셋팅 퍼머의 생기있는
헤어스타일에서 더욱 스타일을 살려주는 아이템이다.

코디제안

터키석의 시원한 색감과 매트함에 반짝이는 크리스털을
조화시켜 상큼함과 발랄한 분위기를 연출한 패션 팔찌이다.
가끔 반지를 끼지 않은 손에 예쁘게 코디해 보자.

터키석 팔찌 / 로도나이트 헤어핀

난이도 ★

재료

터키석 팔찌 : SW5301 제트 AB 2X 4mm 12개 / SW5301 존킬 AB 4mm 24개 / SW5301 파파라샤 24개 / 터키석칩 72개 / 연결고리 1개 / 3단 구멍장식 AB 3개 / 낚싯줄 60cm

헤어핀 : SW5810 무브 10mm 1개 / SW5000 가넷 AB 3mm 4개 / 로도나이트칩 16개 / 분홍시드비즈 70개 / 앤틱 헤어핀대 1개 / 낚싯줄 70cm

H o w   t o   m a k e

♥ ♥ 터키석 팔찌

① 3구멍 연결고리에 각각 낚싯줄을 걸어 매듭지어 액체접착제를 발라둔다.

② 3줄에 각각 존킬 AB 4mm, 터키석칩, 파파라샤 3mm, 제트 AB 2X 4mm, 파파랴사 3mm, 터키석칩, 존킬 AB 4mm를 넣고 3단구멍장식에 넣는다. 그림과 같은 순서대로 완성한다.

③ 맞은편 연결고리에 연결한 후 매듭지어 액체접착제를 발라 마무리하여 완성한다.

제트 AB 2X 4mm

존킬 AB 4mm

터키석칩

3단 구멍 장식

파파라샤 3mm

♥ ♥ 노도나이트 헤어핀

① 헤어핀대 중앙에 무브 10mm를 넣고 시드비즈 1개를 넣어 다시 무브 10mm를 통과한다.

② 낚싯줄을 위로 보내어 시드비즈 2개, 가넷 AB 3mm 1개, 시드비즈 1개를 넣고, 다시 가넷 AB 3mm를 통과하여 시드비즈 2개를 넣고 헤어핀대 아래로 보낸다. (4군데)

③ 꽃 모티브를 4개 만들어 네 군데 고정시킨 다음 낚싯줄을 헤어핀대 아래로 보내어 매듭 지은 후 액체접착제를 바르고 굳으면 잘라낸다.

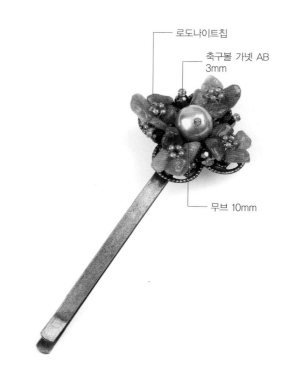

로도나이트칩

축구볼 가넷 AB 3mm

무브 10mm

코디제안

파스텔톤의 반짝이는 비즈와 담수진주가 어울려 신비로운 느낌을 준다.
또한 착용했을 때 X자로 자연스럽게 늘어지는 모습이 독특하고
멋스러움을 준다. 산뜻한 화이트 가디건 또는 크림색 티셔츠와 코디하여
스타일리시한 당신이 되어보자.

레브라도라이트 목걸이

난이도 ★★

재 료 SW5301 Lt 피치 AB 2X 4mm 90개 / 레브라도라이트 6개 / 밥알갱이 담수진주 라이트 퍼플 펄 32개 / 길쭉이 담수진주 라이트 로즈 펄 34개 / 팥죽색 시드비즈 22개 / O링 2개 / 비드팁 2개 / 길이조절 체인 1개

H o w   t o   m a k e

① 낚싯줄 40cm를 준비하여 시드비즈 1개를 밀어넣고 두 줄 모아 길쭉이 담수진주 라이트 로즈 펄 14개, 레브라도 라이트 1개, Lt 피치 AB 2X 4mm 5개를 넣는다.

② 낚싯줄 40cm를 준비하여 시드비즈 1개를 밀어넣고 두 줄 모아 길쭉이 담수진주 라이트 로즈 펄 20개, 레브라도 라이트 1개, Lt 피치 AB 2X 4mm 2개를 넣는다.

③ 시드비즈 1개를 넣으면서 ①과 ②를 교차하여 Lt 피치 AB 2X 4mm 1개, 시드비즈 1개씩 넣은 다음 두 줄로 나 누어 1번부터 10번까지 진행한다. (양쪽 똑같이)

④ 두 줄을 모아 레브라도라이트 1개, 밥알갱이 담수진주 라 이트 퍼플 펄 16개, 레브라도라이트 1개를 넣고 비드팁에 마무리한 후 길이조절체인에 연결하여 완성한다.

10
9
8
7
6
5
4
3
2
1

Lt 피치 AB 2X 4mm

레브라도라이트

14개   20개

길쭉이 담수진주 라이트 로즈 펄

레브라도라이트

밥알갱이 담수진주 라이트 퍼플 펄

135

코디제안

골드빛 나비 장식과 체인으로 고급스러움을 주고 컷팅된
브라운 비즈가 무게 중심을 이룬 귀걸이다.
검정이나 베이지, 갈색 의상에 잔잔한 포인트가 된다.

코디제안

신주버니시 망토장식에 체인을 늘어뜨리고 지르콘을 단 귀걸이다.
착용했을 때 움직임에 따라 찰랑찰랑 흔들리는 장식이 발랄하고 경쾌하다.
브라운 계열의 분위기 있는 의상과 코디해 보자.

나비 귀걸이 / 신주버니시 귀걸이

난이도 ★

재료

나비 귀걸이 : SW5040 제트 8mm 2개 / SW5810 브라운 5mm 2개 / SW5810 버건디 펄 4mm 2개 / SW5810 크림로즈 3mm 2개 / SW5810 파우더아몬드 펄 4mm 2개 / 2겹 나비샌딩골드 2개 / 볼핀 8개 / 9핀 2개 / 골드체인 15cm / 귀걸이훅 1쌍

신주버니시 귀걸이 : SW5000 시암 AB 8mm 2개 / 신주버니시 망토장식 2개 / 지르콘 시암 6mm 2개 / 납작 물방울 지르콘 올리바인 4mm 2개 / 납작 물방울 지르콘 Lt 토파즈 4mm 2개 / 신주버니시 체인 8cm / O링 4개 / 귀걸이훅 1쌍

H o w   t o   m a k e

♥♥ 나비 귀걸이

① 볼핀에 브라운 5mm, 버건디 펄 4mm, 크림로즈 3mm, 파우더아몬드 펄 4mm를 각각 넣고 고리를 만들어 체인을 걸어 둔다. 각각 체인의 길이는 1.8cm, 1.6cm, 1.4cm, 1.2cm로 한다.

② 9핀에 제트 8mm를 넣고 고리를 만들어 ①을 걸어둔다.

③ ②의 위쪽 고리에 2겹 나비샌딩골드를 연결하여 귀걸이훅을 걸어 주면 완성된다.

2겹 나비샌딩골드

제트 8mm

버건디 펄 4mm

브라운 5mm

크림로즈 3mm

파우더아몬드 펄 4mm

♥♥ 신주버니시 귀걸이

① 납작 물방울 지르콘 올리바인과 Lt 토파즈를 O링으로 체인 1.8cm와 2.3cm에 연결한다.

② 지르콘 시암 6mm를 체인 3cm에 연결해 둔다.

③ ①과 ②를 모아 O링에 걸어 둔다.

④ T핀에 시암 AB 8mm를 넣고 고리를 만들어 체인 1.3cm에 연결해 둔다.

⑤ 귀걸이훅에 ④, 신주버니시 망토장식, ③을 걸어 완성한다.

오링

신주버니시 망토장식

시암 AB 8mm (축구볼)

납작 물방울 지르콘 올리바인 4mm

납작 물방울 지르콘 Lt 토파즈 4mm

지르콘 시암 6mm

Index

28

30

32

34

36

38

40

42

44

46

48

50

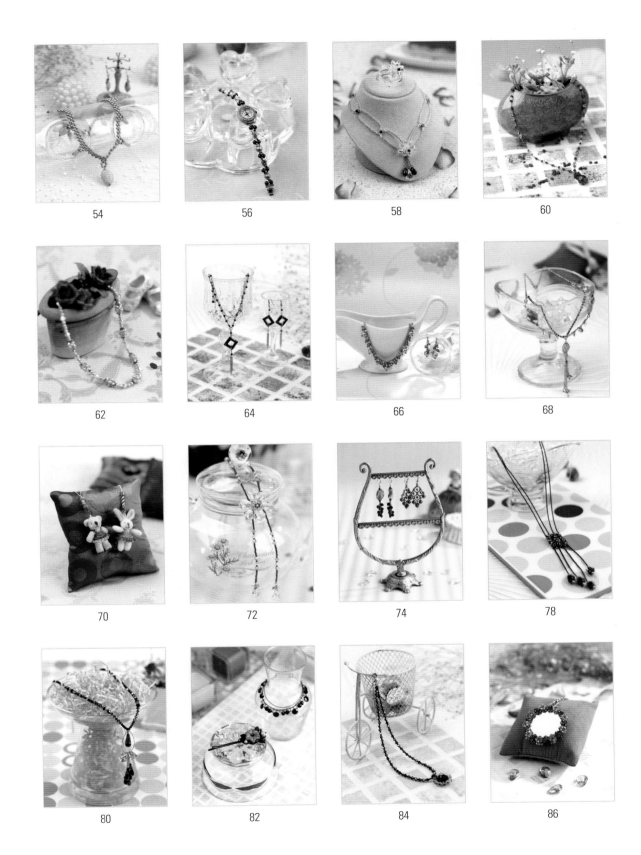

54

56

58

60

62

64

66

68

70

72

74

78

80

82

84

86

88

90

92

94

98

100

102

104

106

108

110

112

114

116

120

122

124

126

128

130

132

134

136

사랑을 전하는
비즈 액세서리

2008년 8월 15일 1판 1쇄
2016년 1월 15일 1판 2쇄

저자 : 오연림
펴낸이 : 남상호

펴낸곳 : 도서출판 예신
www.yesin.co.kr

(우)04317 서울시 용산구 효창원로 64길 6
대표전화 : 704-4233, 팩스 : 335-1986
등록번호 : 제3-01365호(2002.4.18)

값 12,000원

ISBN : 978-89-5649-065-6

Beads Accessory